U0287101

自然资源部中国地质调查局
地热资源调查系列成果

中国地热志

西南卷三

王贵玲等　著

科学出版社
北　京

内 容 简 介

《中国地热志》编写分总论和分论两部分。总论主要阐述中国地热资源分布规律、资源量、开发利用历史及现状以及影响地热资源分布的构造及其他地质因素。分论以省（自治区、直辖市）为单位分别阐述各省（自治区、直辖市）地热资源的分布规律、资源量、流体化学特征、开发利用历史及现状，并以史志的形式对各省（自治区、直辖市）的地热显示点和代表性地热钻孔进行了系统、全面、客观、翔实的描述。全书共收录温泉（群）、代表性地热点 2767 处，其中温泉（群）2082 处，代表性地热钻孔 685 处。本书为西南卷三。

本书可供地热地质、水文地质等相关领域的科研院所及高等院校师生参考。

审图号：GS（2018）4383号

图书在版编目（CIP）数据

中国地热志·西南卷三/王贵玲等著. —北京：科学出版社，2018.11
ISBN 978-7-03-055131-3

Ⅰ．①中… Ⅱ．①王… Ⅲ．①地热能-概况-中国②地热能-概况-西南地区 Ⅳ．①TK521

中国版本图书馆 CIP 数据核字（2017）第 268782 号

责任编辑：韦 沁 / 责任校对：张小霞
责任印制：吴兆东 / 封面设计：杨 柳

科 学 出 版 社出版
北京东黄城根北街 16 号
邮政编码：100717
http://www.sciencep.com

北京建宏印刷有限公司 印刷
科学出版社发行 各地新华书店经销

*

2018 年 11 月第 一 版 开本：787×1092 1/16
2022 年 9 月第二次印刷 印张：12 3/4
字数：302 000

定价：188.00 元
（如有印装质量问题，我社负责调换）

"全国地热资源调查评价成果"编纂委员会

主　任：王　昆

副主任：郝爱兵　　　石建省　　　文冬光　　　王贵玲

委　员：吴爱民　　　张二勇　　　林良俊　　　王　璜

　　　　胡秋韵　　　张永波　　　马　岩　　　孙占学

　　　　张兆吉　　　孙晓明　　　许天福　　　庞忠和

　　　　胡圣标　　　刘金侠　　　张德忠　　　赵　平

　　　　康凤新　　　孙宝成　　　都基众　　　白细民

　　　　曾土荣　　　陈建国　　　陈礼明　　　成余粮

　　　　戴　强　　　段启杉　　　鄂　建　　　方连育

　　　　冯亚生　　　高世轩　　　胡先才　　　赖树钦

　　　　李　郡　　　李　凯　　　李虎平　　　李继洪

　　　　李宁波　　　李稳哲　　　梁礼革　　　林　黎

　　　　林清龙　　　凌秋贤　　　刘　铮　　　刘红卫

　　　　罗银飞　　　马汉田　　　闵　望　　　裴永炜

　　　　彭必建　　　彭振宇　　　皮建高　　　钱江澎

　　　　秦祥熙　　　尚小刚　　　邵争平　　　龙西亭

　　　　孙志忠　　　谭佳良　　　田良河　　　万平强

卫万顺　　魏林森　　魏文慧　　吴海权

薛桂澄　　闫富贵　　杨　泽　　杨华林

杨丽芝　　杨湘奎　　余秋生　　喻生波

张　恒　　张大志　　张桂祥　　张新文

赵　振　　赵苏明　　朱永琴　　孙　颖

"全国地热资源调查评价成果"技术指导委员会

《中国地热志》著者名单

主　编：王贵玲

副主编：蔺文静　　张　薇　　刘志明　　马　峰

编　委：梁继运　　王婉丽　　李　曼　　邢林啸

　　　　刘春雷　　蔡子昭　　王文中　　何雨江

　　　　刘彦广　　朱　喜　　甘浩男　　李　龙

　　　　刘　峰　　陆　川　　习宇飞　　岳高凡

　　　　张汉雄　　李元杰　　刘　昭　　屈泽伟

　　　　吴庆华　　王富强　　郎旭娟　　孙红丽

　　　　张　萌　　王思琪　　王　潇　　李亭昕

　　　　闫晓雪　　孟瑞芳　　袁　野　　赵佳怡

"全国地热资源调查评价" 组织实施机构

主 持 单 位： 自然资源部中国地质调查局

技术负责单位： 自然资源部中国地质调查局水文地质环境地质研究所

承 担 单 位：

中国地质调查局水文地质环境地质研究所	天津地热勘查开发设计院
中国地质调查局沈阳地质调查中心	浙江省地质调查院
新疆地矿局第一水文工程地质大队	湖南省地质调查院
北京市水文地质工程地质大队	海南省地质调查院
北京市地质矿产勘查开发局	四川省地质调查院
河北省地矿局第三水文工程地质大队	安徽省地质调查院
广东省地质局第四地质大队	山东省地质调查院
黑龙江省水文地质工程地质勘察院	山西省地质调查院
黑龙江省地质调查研究总院	上海市地矿工程勘察院
湖南省地质矿产勘查开发局 402 队	青海省环境地质勘查局
四川省地矿局成都水文地质工程地质中心	陕西工程勘察研究院
贵州省地质矿产勘查开发局 111 地质大队	甘肃省地质环境监测院
宁夏回族自治区国土资源调查监测院	贵州省地质环境监测院
江西省地质环境监测总站	河南省地质调查院
吉林省地质环境监测总站	吉林省水文地质调查所
广西壮族自治区地质调查院	湖北省地质环境总站
海南水文地质工程地质勘察院	武汉地质工程勘察院
云南地质工程勘察设计研究院	广东省环境地质勘查院
甘肃水文地质工程地质勘察院	江苏省地质调查研究院

青海省水文地质工程地质环境地质调查院　　福建省地质调查研究院

新疆维吾尔自治区地质环境监测院　　福建省地质工程勘察院

山东省地矿工程集团有限公司　　江西省勘察设计研究院

宁夏回族自治区地质调查院　　云南省地质环境监测院

安徽省地质环境监测总站　　辽宁省地质环境监测总站

西藏自治区地质矿产勘查开发局地热地质大队

重庆市地质矿产勘查开发局南江水文地质工程地质队

序　一

我国有温泉3000余处，分布广泛，类型齐全，几乎包括世界所有类型的温泉。经过4000多年对这些珍贵地热资源的开发，神州大地处处开遍绚丽夺目的温泉文化之花。我国温泉文化最大的一个特点是散见于有着2000多年悠久历史被称为"一方之总览"的地方志中，这些地方志记录了某地温泉的发现经过，水质特点，神话传说，诗词对联，温泉功效，翔实丰富、科学性强，把它集中起来就是一部中国温泉文化的百科全书。

1949年之后，随着地质找矿工作的开展，为建立和扩建温泉疗养院，我国开始对温泉进行系统的调查，在若干温泉区进行了地质勘探，并首次编制了全国温泉分布图。20世纪60年代末至70年代初，在我国著名地质学家李四光教授的倡导下，我国地热迎来第一次发展春天，区域地热资源普查、地热资源开发利用以及地热基础理论研究均取得了很大的进展。近年来，为应对气候变化，特别是治理已蔓延中东部地区的雾霾，社会各界已形成共识，就是要调整能源结构，大力发展可再生和清洁能源。作为一种新型清洁能源，地热资源的"热度"越来越高，其开发利用正迎来迅猛发展的历史时期。

古人云："以铜为鉴，可正衣冠；以古为鉴，可知兴替；以人为鉴，可明得失。"在新中国成立70周年即将到来之际，编辑和出版《中国地热志》，真实、全面地记录当前我国地热资源现状、为世人提供一份翔实的温泉、地热井资料清单，缅怀前人的艰难历程和不朽业绩，鉴往昭来是今人义不容辞的责任。

统观全书，《中国地热志》图文并茂，详略得当，编排有序，文辞通达，加上编者补阙纠谬，堪称信史，它的编辑和出版，既为后人留下了一份弥足珍贵的历史资料，也为加快推动我国地热产业健康快速发展做了一件十分有益的事情。

在《中国地热志》付梓之际，写下以上感言，是为序。

中国科学院院士　李廷栋

2018年7月

序　二

我国是一个拥有丰富地热资源的国家，利用温泉治病已有悠久的历史，史料中关于温泉的记载也相当多。我国汉代著名科学家张衡所著的《温泉赋》中就说："有疾病兮，温泉泊焉。"《水经注》中亦载："大融山兮出温汤，疗治百病。"唐代《法苑珠林》中《王玄策行传》还有对西藏地热资源的记载："吐蕃国西南有一涌泉，平地涌出，激水高五六尺，甚热，煮肉即熟，气上冲天，像似气雾。"温泉浴不但能治病去疾，而且还有独到的养生保健功用，自古就深受人们的喜爱。

新中国成立以后，我国开始大规模勘查和开发利用地热资源，尤其是20世纪90年代以来，随着社会经济发展、科学技术进步和人们对地热资源认识的提高，出现了地热资源开发利用的热潮。当前，我国经济快速发展的同时带来资源紧缺、环境污染等严峻问题。实施能源革命，调整能源结构，大力发展可再生能源，控制能源消费总量，是解决能源紧缺和雾霾挑战双重压力的重要途径。地热资源作为一种稳定的低碳能源必将迎来新的发展时期，地热学术和产业界正面临着重大的发展机遇和严峻挑战。

《中国地热志》是一部全面介绍当前我国地热资源现状的专业志。专志贵专，专中求全，全中显特，这是修专志所要追求的。修志艰辛，成书不易，王贵玲研究员带领其研究团队，在广泛收集资料的基础上，精心编纂，终于水到渠成，全书从总论、分论两个部分，区域、各省两个层面对我国地热资源现状进行了全面系统的介绍，在求全的同时，尤为可贵的是重视在全中显特，对各地热显示点的地理位置、地质背景、化学组分、开发利用现状等信息均进行了全面展示，是一份来之不易的、严谨的、朴实的资料性文献。

王贵玲研究员是一位年轻的地热科技工作者，自1987年起从事地热研究，迄今已30余年，在区域地热资源调查评价方面取得了重要的成果，这部论著是结合了贵玲同志多年来对我国地热的热爱和沉淀而完成的，我相信，无论是地热领域的科学研究人员，还是规划管理人员、市场开发人员都可以从中获益的。

中国工程院院士

2018年7月

序　三

翻开《中国地热志》，一组组翔实的数据资料、一幅幅温泉的现场彩照、一张张考究的地质剖面展示在读者面前，既不烦琐枯燥，又不失严谨，实为一部全面反映我国地热现状的真经。盛世修志，志为盛世，《中国地热志》记录了我国地热发展现状，成为佐证，留下历史，服务当今，发人深思。

地热是可再生的清洁能源，而且是具有医疗、旅游价值的自然资源。温泉是地热资源的天然露头，利用好它，有助于当地特色经济的发展，助力实现习总书记提出的美丽乡村、城镇，美丽中国的建设，助力打赢蓝天保卫战，多样化满足人们日益增长的物质和精神需求，具有重要意义。王贵玲研究员带领其科研团队，在开展中国地质调查项目"全国地热资源调查评价与区划"的基础上，对当前我国现有的地热显示点和地热钻孔进行了系统、全面、客观、翔实的描述，志书全面展示了我国地热背景、分布特征、成因条件、开发现状，达到了志贵备全的要求，是一份具有重要史学价值的资料性成果，对地热学研究和地热资源开发具有重大的科学意义和应用价值。

全书共收录温泉（群）、代表性地热钻孔2767处，其中温泉（群）2082处，代表性地热钻孔685处，其规模之大，收录的温泉（群）、代表性地热钻孔之多，国内外罕见。其所收录的温泉（群）、代表性地热钻孔均为调查人员亲赴现场调查的成果，使《中国地热志》既客观又与时俱进，反映了我国当前地热资源开发利用的实际情况和研究勘探水平。

值此付梓之际，我荣幸地向有关单位和专业人员推荐此图文并茂的佳作，它定会成为研究地热、勘探地热、开发地热的得力助手和有力工具。

中国工程院院士　曹耀峰

2018年7月

前　言

志者，记也，是按一定体例记述特定时空内一个或多个方面情况的资料性文献。修志是中华民族的优良文化传统，在长达两千多年的发展历程中，各类方志薪火相传，亘续不绝，既是客观的文化载体，又是厚重的历史积淀，对中华文化的形成和发展有着不可或缺的重要价值，是当之无愧的中华之国粹、民族之瑰宝。

《中国地热志》是记录温泉、热水井等地热现象的专业志，具有鲜明的地域特色和时代特征。我国关于温泉的记载历史悠久，古籍中关于温泉的记载最早见于《山海经》，温泉的利用历史则最早见于公元前7世纪的西周，西周王褒温汤碑即有"地伏硫磺，神泉愈疾"的记载。5世纪末至6世纪初，北魏地理学家郦道元的《水经注》记载了当时所知的41处温泉以及利用温泉洗浴治病的情况，可以说是对我国古代温泉分布的一次初步总结。宋代的地理著作《太平寰宇记》中也有不少关于温泉的记载。清代学者放以智《物理小识》著录古今温泉59处；顾祖愚《读史方舆纪要》考证古今地名，间记温泉90余处；雍正三年（1725）修成的《方舆汇编坤舆典》记载温泉84处。到了近代，人们对温泉的分布有了进一步的认识，1908年田北湖撰《温泉略志》，其中除去《水经注》所记载者，著录近世温泉140余处；1919年苏萃撰《论中国火山脉》附各省温泉表，载因火山所成74处；地质学家章鸿钊1935年在地理学报发表中国温泉的分布，共收录491处；1939年陈炎冰编著《中国温泉考》，记载了温泉达584处。这些古籍中关于温泉的记载对现今地热学研究和地热资源开发具有重大的史学意义和应用价值。

新中国成立以来，我国地热地质事业取得了飞速发展。1656年，地质出版社出版了章鸿钊先生的遗稿《中国温泉辑要》，该书记录了958余处温泉所在地、理化性质以及涌出量。1973年，中国科学院、北京大学等单位组织了青藏高原综合科学考察队，先后对西藏、横断山区的温泉进行了实地考察，并吸收前人以及后续考察者的成果，编辑出版了《横断山区温泉志》《西藏温泉志》，共收录温泉1655处，对推动该地区地热研究与勘探开发提供了第一手的资料。1993年，黄尚瑶等在系统总结全国地热普查、勘探和科研成果的基础上，编制了《1∶600万中国温泉分布图》及其说明书——《中国温泉资

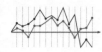

源》，展示了我国温泉资源潜力及其分布。

20世纪90年代以后，我国地热开发开始沿着产业化、市场化的道路发展。由于缺乏科学的规划，造成了无序开采局面和资源的浪费，一些天然出露的温泉逐渐消失。同时，我国大面积分布的新生代沉积盆地和断陷盆地相继发现地热资源，地热井越打越深，一些地区的地热井过于集中，过量开采现象严重，造成热储压力持续下降，严重影响了地热资源的可持续利用。进入21世纪以来，随着社会对能源危机、环境保护的深入关注以及我国实现能源生产消费革命的迫切需要，地热资源已成为未来能源勘查开发的主攻方向之一。面对新的历史使命，编撰一部能够全面反映当前我国地热资源现状的地热志已成地热工作者的当务之急。

2011年，原国土资源部中国地质调查局启动了全国地下热水资源现状调查评价工作，对各省现有的温泉、地热井的地热地质背景、流体物理化学特征、动态变化、开发利用历史和现状等进行了系统的调查，在此基础上，编撰了本套《中国地热志》，收录温泉（群）、代表性地热井2767处，其中温泉（群）2082处，代表性地热钻孔685处。丛书共分为华北、西北、东北卷，华东、华中卷，华南卷，西南卷一，西南卷二以及西南卷三6卷，各卷分别从总论、分论两个部分，区域、分省两个层面对我国地热资源赋存背景、地热分布及其特征、资源量等进行了系统的论述，重点描述了各地热显示点和代表性地热钻孔的地理位置、地质背景、地热流体化学组分、开发利用现状等信息。我们希望本丛书能够为国家和有关地区决策部门提供一份温泉资源和地热能源的资产清单，同时又能为国内外地热工作者提供宝贵的第一手资料。

集思广益，众手成志。《中国地热志》是"十二五"期间中国地质调查局组织实施的"全国地热资源调查评价"项目系列成果之一。中国地质调查局及其直属单位，31个省（市、自治区）相关地勘单位以及相关大专院校、科研院所和企业为本项目的实施提供了强有力的支持。本丛书凝聚了我国地热学界众多专家、领导和科技人员的智慧和心血，是集体大协作的结晶。项目组同志们认真收集、整理资料，精心编撰，付出了艰辛的劳动。李廷栋院士、多吉院士、曹耀峰院士为《中国地热志》的编撰提出了宝贵的意见和建议，并亲自提笔作序。中国地质调查局局长钟自然同志始终关注和支持地热志的编撰工作。王秉忱、严光生、文冬光、郝爱兵、石建省、张永波、吴爱民、郑克栋、宾德智、田廷山、庞忠和、胡圣标、刘金侠、康凤新、孙宝成等国内外著名专家对地热志的编撰工作给予了长期悉心的指导。以上专家和领导的指导与关怀是地热志得以顺利编撰的保证，在此谨向所有付出辛劳的同志表示诚挚的谢意。

著　者

2018年7月

目　录

第 / 一 / 章

总论

第一节 地热地质背景

西藏高原作为青藏高原的主体，是中生代以来印度洋扩张、冈瓦纳大陆分解北移、欧亚板块与印度板块多次碰撞拼接的产物。尤其是在雅鲁藏布江缝合带基本形成之后，由于印度板块继续向北漂移推覆而产生的"超碰撞效应"，形成了西瓦里克陆内俯冲带，这种俯冲作用始于中新世并持续至今。与此同时，这种向北推挤的驱动力在欧亚大陆古老地体的阻抗之下，形成了近南北向的主应力场，使西藏高原这一近似"刚性"的、由数个板片拼合而成的新地体，在相对封闭的边界条件下，受到强大而持续的南北向的挤压作用，使其构造变形十分强烈。这种构造变形主要包括近东西向的逆冲断层、北东和北西向的平移断层及南北向正断层等，形成了青藏高原独特的区域性的菱块状格局，其中规模较大的北东、北西和南北向的构造带往往切穿了早期的特提斯构造域，组成了西藏高原独特的基本格局，即由呈东西向条带状展布的四个主要板片块体和相应的三条规模宏大的板块缝合带（图1.1）。

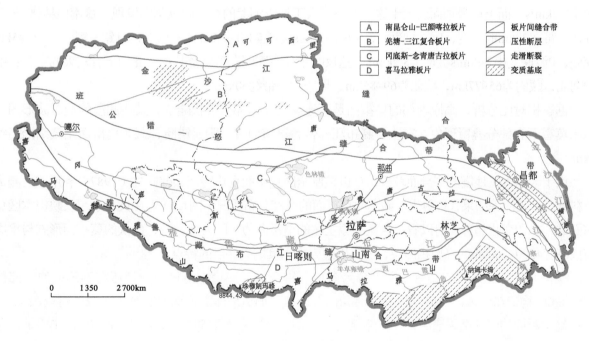

图 1.1 西藏大地构造图

这三条缝合带上都有蛇绿岩出露，表明是曾经存在、现在已消亡了的大洋地壳的遗迹，它们分隔了地质时期两侧的大陆。自南向北三条缝合带依次为：雅鲁藏布江缝合带、班公错-怒江缝合带和金沙江缝合带。在缝合带之间发育相对稳定的四个地体，自南向北依次为：喜马拉雅地块、冈底斯-念青唐古拉地块、羌塘-三江复合地块、南昆仑山-巴颜喀拉地块。

与高原上古海洋的演化一致，地体的拼合亦是北部早，南部晚，自古生代依次向南迁移，直至始新世喜马拉雅地体才拼合，高原成为一个整体。各地体的主构造线方向都接近东西向。其中，喜马拉雅地体东西方向的构造尤其强烈，在南北方向上构成十分紧闭的褶皱和冲断叠覆，南北向的张性和张扭性构造随处可见；昆仑地体在南北方向上虽然仍然挤压得很紧密，却可清晰地分辨北东和北西向的剪切断裂；中间地段的冈底斯和羌塘地体北东和北西方向的共轭剪切断裂更加明显，使这两个地体菱形地块广泛分布。怒江缝合带以南至雅鲁藏布江缝合带之间的藏南地区南北向的构造带极其发育，形成时代相对较晚，往往切穿东西向的深大断裂，表现为纵横相切，活动强烈。这些南北向的断陷裂谷或断裂系统在平面上具有等间距分布的特征，大概以140km的间距自西向东排列，藏南强烈的热水活动带基本上都分布在这些南北向构造带中。也就是说，南北向的断陷裂谷或断裂系统直接控制了热水活动系统的分布和发育。

西藏高原的这种构造形态，既是"超碰撞效应"的显示，也是高原隆升过程中壳内物质加速调整的反映。这种快速整体隆升以及印度板块现今仍以4.8~6.4cm/a的速度向北漂移的结果，最终造就了当今举世瞩目的"世界屋脊"。水热系统积存热量316871.68×10^{15}J，相当于108.29×10^{8}t标准煤燃烧释热。

地球物理资料表明，西藏高原的地壳-上地幔具有明显的层圈结构，其主要的地球物理界面变化复杂，藏南、藏北及高原周边存在明显的差异，反映了造山带深层地壳结构的特殊形态。

莫霍面的确定有两个主要标志：一是在它的亚临界至超临界距离内，可接收到以大振幅为特征的强反射波；另一是由于壳、幔密度的变化，反映在波速上有一突增现象，一般认为地壳的P波速度不大于7.7km/s，而上地幔顶面要大于这一波速。人工地震测深的东西向纵剖面发现，藏南佩枯错-普莫雍错一带在77km的深度，P波速度由6.7（6.1）km/s突增至8.1~8.2km/s；藏北色林错-索县一带在85km深处，P波速度由7.4km/s突增至8.2km/s，这反映了莫霍面所在深度及其在南北向上有较大的变化：由南向北，藏南为65~77km，藏北为69~85km，昆仑山一带约60km。

据震相对比分析，高原内部的莫霍面是不连续的，局部呈阶状陡变，某些测段的地震波形图显示出莫霍面有部分叠覆现象。在雅鲁藏布江一带，莫霍面有一明显错断，藏北莫霍面比藏南抬高约8km。

由于区内人工地震测深剖面较少，难以控制全区莫霍面变化特征，韩同林（1987）利用重力测量资料结合地震测深结果，推算出青藏高原莫霍面的深度分布状况（图1.2），由此大致可反映出本区莫霍面的形态和变化趋势。可以看出西藏高原主体的莫霍面为一巨大幔坡带，盆状的莫霍面形态与平均海拔高度4500~5000m的高原相照应，反映出地壳重力具均衡补偿的特点。

从构造热特性而言，青藏高原可分为老地体拼合的北部稳定冷地块，挤压变形形成的中部拉萨-冈底斯构造热地体以及向南扩展的活动性喜马拉雅加热地体。据沈显杰等（1992）对亚东-格尔木段地学断面的研究结果表明，在北部昆仑、巴颜喀拉及羌塘等地区，地表热流值40~47mW/m^2，为正常壳-幔热结构，具稳定冷地块特征；往南冈底斯带热流值最高，一般100~300mW/m^2，为热壳热幔型异常热结构；雅鲁藏布江缝合带以南热流值也较高，为91~146mW/m^2，属热壳冷幔特殊热结构。以班公错-怒江缝合带为界，实测热流出现南北剧变，依此可将青藏高原分为北部古老稳定冷地体和南部年青活动热地体两大部分。

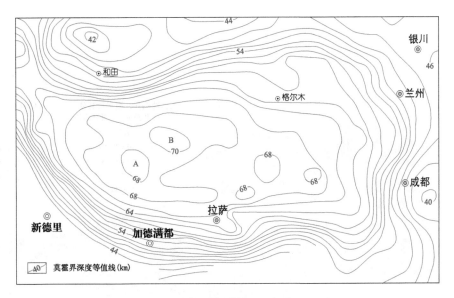

图 1.2 西藏及青藏高原莫霍界深度

青藏高原巨厚的地壳以及多圈层的岩石圈结构是长期各种地质作用并叠加至今的演化结果，提供了青藏高原地壳热结构存在横向不均一性的直接地热证据。这种不均一性与不同地体地壳岩层的波速、重力、磁性和电性不均一性是完全一致的，体现了热场与多种地球物理场的内在联系。青藏高原壳幔热结构的南北不均一性，使南北呈现不同的构造热演化特征，尤以中部的拉萨-冈底斯地体的地热活动性最强，它具有高而大幅变动的地表热流，丰富的地表地热显示，强烈的构造诱发深部热作用以及明显的异常加热型地壳-上地幔热结构，为该区高温地热系统提供了良好的地热地质条件。

西藏境内已知地热活动显示区（点）近600处，其中，有70%的泉水活动分布在冈底斯-念青唐古拉山以南，其余30%分布在藏北高原。藏北与藏南水热活动具有明显的不同，藏北属于"垂死的温泉活动区"，在历史上，藏北的水热活动比现今强得多。而藏南的水热活动属于年轻的阶段，这种变化的主要原因是印度板块与亚洲大陆碰撞消减带南移的结果。

自第四纪以来，受印度-欧亚板块的相向移动碰撞作用的影响，出现碰撞后伸展引起的一系列横切雅鲁藏布江缝合带和班公错-怒江缝合带的近南北向正断层系统，该区构造活动和岩浆活动极为频繁，随着地质应力的变化，早期以东西向展布为主的构造格局逐渐遭受破坏，产生了一系列的北西向走滑断裂及近南北向的张裂和张扭性的活动构造带或地堑式、半地堑式断陷盆地，这些南北向裂谷和地堑盆地诱发了强烈的现代水热活动，构成了著名的西藏高原地热带。在这众多的活动构造带中，具延伸长、规模大、几乎横穿西藏中部区域的是那曲-羊八井-多庆错活动构造带（图1.3）。

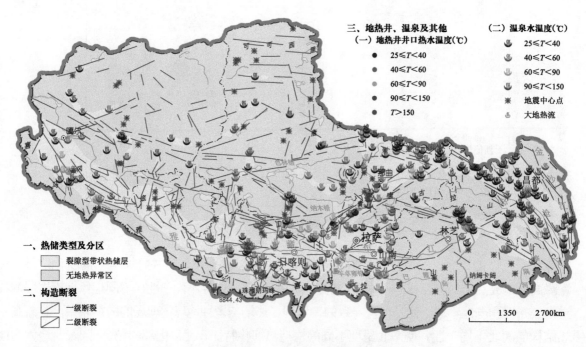

图 1.3　西藏地质图

那曲-羊八井-多庆错活动构造带分为三个自然段,从亚东、多庆错至雅鲁藏布缝合线为南段,位于喜马拉雅板片内;东巧和崩错一带为北段,位于冈底斯-念青唐古拉板片北部早期弧后边缘沉积中;从雅鲁藏布缝合线往北沿念青唐古拉山南侧延伸至那曲属中段。

该活动构造带,南端与雅鲁藏布缝合线沟通,北东以念青唐古拉弧背断隆为屏障,向北穿向冈底斯火山岩浆弧后,抵达早期弧后边缘沉积南侧,带内由有古堆、查布、苦玛、芒热、卡乌、恰布内、续迈、安岗、羊易、吉达果、嘎日桥、羊八井、拉多岗、宁中、月腊、董翁、谷露、罗玛、脱玛、那曲、玉寨、错纳等高温地热显示区,具有等距离分布的特征,并且该带内的地热田或地热显示点均出露于地堑式断陷盆地内,这些断陷盆地在平面上呈"串珠"状展布,其总体走向为北东30°~45°。盆地内部不同时期形成的断层呈阶梯状排列,断层产状均由边缘向盆地中心倾斜,沿断层线发育断层崖及断层三角面,并呈定向成群展布。

由于西藏大地热流值的测试数据少,仅仅对羊易、羊八井、那曲地热田和羊卓雍错等进行了少量的大地热流值的测试(图1.4),但是从现有的资料分析,西藏大地热流值的高值区也是与高温地热显示区一致。即热流高值区多有高温地热显示,温泉出露也是高热流的表现。

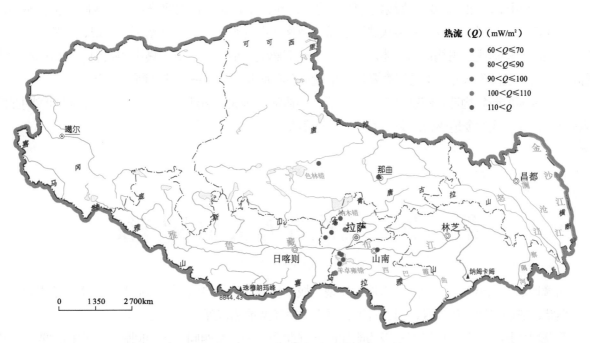

图 1.4　西藏大地热流图

根据西藏全区出露的温泉（25℃≤T<40℃）、热泉（40℃≤T<90℃）、沸泉（≥90℃）资料（图1.5），平面上等温线沿控热断裂走向呈带状或椭圆状，温度等值线长轴方向与断裂走向一致，等值线密集区为地热异常中心，地温梯度一般大于3℃/100m。平面等温线所反映出的高温部位往往就是两组断裂交汇处，即地热流体上升通道，由主通道向四周温度减小。

图 1.5　西藏平面温度等值线图

由图1.5可知，全区温度等值线具有明显的分带性，即高温中心主要分布在东西向的雅鲁藏布江大断裂和南北向的那曲-羊八井-多庆错断裂带以及南北向的查去俄-古堆-错那断裂带，尤其是南北向或北西向活动构造或多组构造与上述两大断裂带交汇部位，地热显示更为集中和强烈，泉口的温度也更高，区内著名的羊八井、羊易等高温地热田就分布在那曲-羊八井-多庆错断裂带上。

西藏高原的断裂构造，特别是新生代的断裂构造常常构成水热活动良好的通道，它们形成明显的带状分布，是形成如今地热带的必要的地质构造条件。

第二节　地热资源类型及特征

西藏地热资源类型主要为隆起山地对流型，属于深循环型地热资源。热储类型基本为基岩裂隙型深部热储，热储岩性有花岗岩、闪长岩等，属于深循环型地热资源。

西藏现代地热活动特征呈现出极为明显的南强北弱之势，东西向上是中间强，两边相对要弱的趋势。因此，根据各地热显示区的显示类型、分布特征及活动构造的规模和强度进行划分，大致以班公错-怒江断裂带和冈底斯-念青唐古拉构造带为界将西藏地热资源区分为藏南高温地热资源区（Ⅰ）、藏中中温地热资源区（Ⅱ）、藏北低温地热资源区（Ⅲ）和藏东低-中温地热资源区（Ⅳ）。

第三节　地热资源评价

以班公错-怒江断裂带、冈底斯-念青唐古拉断裂带为界，结合行政区域地热资源分布特征，将西藏隆起山地对流型地热资源分为藏南、藏中、藏北和藏东四个区进行地热资源评价。

1.藏南隆起带（Ⅰ）可开采资源总量

（1）地热流体可开采流量$0.37 \times 10^8 m^3/a$；
（2）地热流体可开采热量$945.86 \times 10^{13} J/a$，相当于标准煤$32.28 \times 10^4 t$。

2.藏中隆起带（Ⅱ）可开采资源总量

（1）地热流体可开采的流量$0.27 \times 10^8 m^3/a$；
（2）地热流体可开采热量$524.80 \times 10^{13} J/a$，相当于标准煤$17.91 \times 10^4 t$。

3.藏北隆起带（Ⅲ）可开采资源总量

（1）地热流体可开采流量0.0008×10^{8}m^3/a；

（2）地热流体可开采热量2.2×10^{13}J/a，相当于标准煤0.075×10^{4}t。

4.藏东隆起带（Ⅳ）可开采资源总量

（1）地热流体可开采流量0.13×10^{8}m^3/a；

（2）地热流体可开采热量227.91×10^{13}J/a，相当于标准煤7.78×10^{4}t。

西藏全区隆起山地对流型天然地热资源（温泉排放量）的地热流体总开采量约为0.77×10^{8}m^3/a，可采热量（温泉排放量）为1700.77×10^{13}J/a，相当于标准煤58.05×10^{4}t。

第四节 地热资源开发利用

西藏地热资源丰富，但西藏地热资源勘查开发历史短，开发利用程度低。过去西藏地热调查、勘探都基本沿青藏公路进行，并成功开发了羊八井地热田。羊八井地热田自建成地热电站以来，截至2009年12月，已向藏中电网供电24.08×10^{8}kW/a。该电站年发电量达到了1×10^{8}kW/a。实现产值80多亿元，节约燃煤约686×10^{4}t，减少CO$_2$排放量约258×10^{4}t，大大减少了大气污染，取得了显著的社会经济和环境效益。经过30多年的运行，羊八井地热田自建成地热电站以来，截至2009年12月，已向藏中电网供电24.08×10^{8}kW/a。该电站年发电量达到了1×10^{8}kW/a。实现产值80多亿元，节约燃煤约686×10^{4}t，减少CO$_2$排放量约258×10^{4}t，大大减少了大气污染，取得了显著的社会经济和环境效益。近30多年的运行，羊八井地热田浅层地热资源逐年枯竭。

目前羊八井地热田仅能利用的生产井有16口，其中有些井是使用的新井，且水温、压力都逐年下降，影响发电站正常运行。

据全国热资源现状调查评价与区划技术要求将地热资源潜力区可分为严重超采区、超采区、基本平衡区、具有一定开采潜力区、具有开采潜力区和极具开采潜力区六个区，可采用热量开采系数指标来衡量。

根据调查资料，西藏温、热泉约有600多处。可是地热资源开发程度很低，目前，西藏地热资源真正开采利用的地热田只有羊八井热田，羊易地热电站现在仅为试验阶段，那曲地热田、拉多岗地热田还是处于未开采阶段，其余地热显示区基本处于原始状态。羊八井南区浅部地热已经开采发电30年，如今处于超采区；而羊八井深部地热资源极具开采潜力，根据羊八井北区深部地热资源普查结果，北区地表热显示以放热地面和冒汽孔为主，根据测温和估算结果，热田天然放热量为54900kcal/s。因此，西藏的地热资源应是具有开采潜力或是极具开采潜力。

第／二／章

西藏自治区

第一节　地热资源及其分布特征

一、地热资源形成特点及分布规律

西藏境内的地热资源严格受活动构造的规模、活动强度及组合形态的控制，并与岩浆活动、气候、水系等因素有着密切关系。因此，地热资源的分布与区域构造特征有着极为明显的联系，构造活动、岩浆活动为地热资源的形成提供了有利条件。

（一）构造特征

西藏的构造格架在古生代形成、中生代定型、第四纪以来不断扩大和活动加剧的不同方向和规模的线性构造带有16条，这16条构造带自北向南，自西往东为：

①东西向构造带：
（1）班公错-安多-怒江、澜沧江构造带；
（2）冈底斯北坡断裂带及念青唐古拉北缘断陷带；
（3）雅鲁藏布江构造带；
（4）朋曲断陷带。
②北东向构造带：
（5）狮泉河-塔查普构造带；
（6）隆格尔-色林错构造带；
（7）桑雄-索县构造带；
（8）隆子-贡觉构造带。

③北西向构造带：
（9）生达-贡觉构造带；
（10）桑雄-古玉构造带；
（11）尼玛-申扎断陷带；
（12）扎日南木错-羊卓雍错构造带；
（13）昂仁-康马构造带；
（14）隆格尔-吉隆构造带；
（15）门士-仲巴构造带；
（16）噶尔藏布构造带。

上述三组方向(16条)构造带第四纪以来，也就是不断运动和继承发展而形成的新构造带的特征如下：

1.分布特征

（1）西藏的新构造集中分布于班公错-安多-怒江、澜沧江构造带以南地区，个别穿过该带并延伸至唐古拉山区及昆仑山区，往南多切穿雅鲁藏布江构造带而止于喜马拉雅山构造带内。

（2）多以束状密集的线性构造组成不同方向的构造带，其展布方向以北东、北西、南北向为主。这三个方向的构造彼此交叉、复合，在各构造带内多以雁列式、追踪式形迹出现。

（3）活动性构造带在平面上有等间距分布的特征，相同方向的构造带呈等间距排列，同一活动带中的线性构造也具有这种特征。

2.组合特征

西藏的新构造带多表现为隆起与断陷紧密相伴,众多的断陷带常由几个串珠状的断陷谷地和湖泊组合而成,这些断陷谷地往往是地热活动的良好场所。

3.活动的差异性

由于印度板块向北挤压的不均匀性及东部地区太平洋板块向西漂移的影响,导致东、西部地区的构造带延伸短,而中部地区延伸长,同时,活动构造在强度上又表现出南强北弱、东强西弱的明显差异。活动的差异性还表现在活动构造的性质上。西藏的活动构造多为张性和张扭性,扭性次之;南部以张性为主,向北转化为张扭性。

4.西藏的活动构造

西藏的活动构造常依据原有的线性构造而形成。这些构造带在古近纪以前就已形成,之后为继承性复活表现出强度的增加及规模的增大;第四纪以来,这些构造带的活动性远大于古近纪、新近纪时期。其中那些最重要的南北向活动构造带有可能处于地壳的上拱部分而具某种裂谷的性质。

西藏岩浆活动以中酸性为主,从海西期至喜马拉雅期均有发生。燕山期的岩浆活动主要发生在班公错-安多-怒江、澜沧江构造带以南地区,而喜马拉雅期的岩浆岩则集中分布于冈底斯北坡、桑雄-古玉构造带以南的区域内且多沿东西向的区域性断裂带呈缓"S"形条带状展布,因此西藏的现代地热活动由北向南具有由弱变强的趋势。

西藏境内已知地热活动显示区(点)600多处,主要分布在喜马拉雅构造带与班公错-怒江构造带之间,其间的北东、北西、近南北向活动构造基本控制了地热活动的空间分布。自第四纪以来,西藏高原受到南北向强烈挤压,该区构造活动和岩浆活动极为频繁,随着地质应力的变化,早期以东西向展布为主的构造格局逐渐遭受破坏,产生了一系列的北西向走滑断裂及近南北向的张裂和张扭性的活动构造带或地堑式、半地堑式断陷盆地,在这众多的活动构造带中,具延伸长、规模大、几乎横穿西藏中部区域的是那曲-羊八井-多庆错地热活动构造带。西藏大地热流值的高值区也就在此地热活动构造带上,即热流高值区多有高温地热显示。根据西藏全区出露的温泉($25℃\leqslant T<40℃$)、热泉($40℃\leqslant T<90℃$)、沸泉($\geqslant90℃$),平面上等温线沿控热断裂走向呈带状或椭圆状,温度等值线长轴方向与断裂走向一致,等值线密集区为地热异常中心,地温梯度一般大于3℃/100m。平面等温线所反映出的高温部位往往就是两组断裂交汇处,即地热流体上升通道,由通道向四周温度减小。

(二)地热资源分区

西藏地热资源主要为隆起山地对流型地热资源,属于深循环型地热资源。西藏新构造活动较强烈,新构造断裂发育,热储岩性多为花岗岩,热储类型基本为基岩裂隙型深部热储。地表水、大气降水沿断裂、不同岩体接触带下渗至深部,被围岩加热后沿通道上升至浅部形成温泉。因此,根据地热显示区的显示类型及活动构造的规模和强度进行划分,大致以班公错-怒江断裂带和冈底斯-念青唐古拉断裂带为界将西藏地热资源区分为藏南高温地热资源区（Ⅰ）、藏中中温地热资源区（Ⅱ）、藏北低温地热资源区（Ⅲ）和藏东低-中温地热资源区（Ⅳ）（图2.1）。

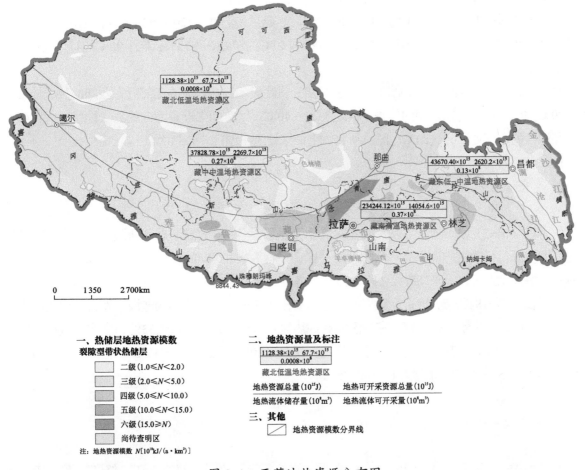

图 2.1 西藏地热资源分布图

1. 藏南高温地热资源区（Ⅰ）

北以冈底斯-念青唐古拉断裂带为界、南以喜马拉雅山为界、东以桑雄-古玉活动构造带为界，包括林芝市、山南地区、日喀则市、阿里地区及拉萨市共52个市县。

该区是西藏地热显示数量最多、最强烈的地区。显示类型以热泉为主，其次为温泉，同时出现了众多间歇喷泉、沸喷泉和大面积的地热蚀变，几乎囊括了西藏所有的地热显示特征。

本区共有地热显示区272处，其中温泉58处，热泉78处，沸泉30处，喷泉7处，间歇沸泉2处，古地热遗迹9处，无实测资料的地热显示区88处，有实测资料的184处。泉水平均温度58.19℃，热储平均温度142.76℃，热储总面积303.09km²。热储温度高于150℃的显示区65处，占34.76%；90～150℃的106处，占56.68%；低于90℃的13处，占7%。

2. 藏中中温地热资源区（Ⅱ）

位于西藏中部的内陆区，北以班公错-怒江构造带西段为界，南以冈底斯-念青唐古拉断裂带为界，面积约29.4×10⁴km²，平均海拔4800m。属那曲地区的中部、南部及阿里地区中部。行政驻地有那曲地区及其所属11个县和阿里地区的三个县。

本区共有地热显示区134处，其中温泉38处，热泉40处，沸泉1处，无实测资料的地热显示区55处，有实测资料的79处，泉水平均温度为46.42℃，热储平均温度为120.19℃，热储总面积130.11km²。热储温度高于150℃的显示区10处，占12%；90～150℃的57处，占73%；低于90℃的11处，占15%，多位于东部地区。

从西藏自治区地热资源区划图中的泉水温度等值线显示，在该区的北部近东西向的狭长地带处于小于20℃地区，中部近东西向的狭长地带处于20～40℃地区，南部近东西向的狭长地带为大于40℃地区，在该区的东部处于60～80℃地区，从总体上该区处于中温地热分布区。

3. 藏北低温地热资源区（Ⅲ）

位于班公错-怒江构造带西段以北，即"羌塘高原"北部，班公错-怒江断裂带和昆仑山断裂带之间的广大地区。行政上归属那曲地区和阿里地区，平均海拔在5000m以上，只有双湖办事处为县级行政单位，多为无人区，尚无高等级公路，自然经济条件极差。

本区属早燕山构造带，挽近期以来的构造活动影响较弱，因而活动构造极不发育，现代地热活动不太发育，但是古泉华比较发育。在该区共有地热显示区52处，前人调查33处，本次为资料收集区。现代地热活动仅26处，其他为古地热活动遗迹。温泉区20处，温度为7～43℃，流量为15～80L/s；热泉6处，温度为52～74℃，流量为1～100L/s。

4. 藏东低-中温地热资源区（Ⅳ）

南以桑雄-古玉活动构造带为界，呈北西向的长条状。位于东部的三江（怒江、澜沧江、金沙江）地区，包括昌都地区的14个地县，平均海拔4000m。

本区在印支期隆起成陆，并在来自北东方向的压应力作用下，发生大规模的褶皱，形成一系列北西走向的山脉及峡谷。古近纪、新近纪以来，北东向压应力继续作用，新生代以前的断裂继承复活，发展成以北西走向的"三江"构造体系，包括班公错-怒江构造带、澜沧江活动构造带的东段。

本区地热活动集中于怒江、澜沧江流域一带呈带状展布，显示类型以温泉为主，热泉次之，有少量喷泉。本区共出露地热显示区220处，取得实测资料的100处。其中，温泉62处，平均温度为30℃，最高为33℃，流量平均为68L/s，最大为1000L/s；热泉40处，平均温度为60℃，最高为78℃，流量平均为10L/s，最大为40L/s。本区也是本次调查资料收集区。

二、地热资源量

地热资源量评价一是采用天然热流量法（中低温地热资源）；二是采用热储法（中低温地热资源）；三是发电潜力计算（大于150℃的地热资源）。天然热流量法计算中的泉有些泉是单个泉、有些泉是一个热显示区（一个地热显示区中可能会有一个至数个泉），而热储法只是针对单个泉进行计算。

（一）天然热流量法

1.藏南隆起带（Ⅰ）可开采资源总量

（1）地热流体可开采流量$0.37×10^8m^3/a$。

（2）地热流体可开采热量$945.86×10^{13}J/a$，相当于标准煤$32.28×10^4t$。

2.藏中隆起带（Ⅱ）可开采资源总量

（1）地热流体可开采的流量$0.27×10^8m^3/a$。

（2）地热流体可开采热量$524.80×10^{13}J/a$，相当于标准煤$17.91×10^4t$。

3.藏北隆起带（Ⅲ）可开采资源总量

（1）地热流体可开采流量$0.0008×10^8m^3/a$。

（2）地热流体可开采热量$2.2×10^{13}J/a$，相当于标准煤$0.075×10^4t$。

4.藏东隆起带（Ⅳ）可开采资源量

（1）地热流体可开采流量$0.13×10^8m^3/a$。

（2）地热流体可开采热量$227.91×10^{13}J/a$，相当于标准煤$7.78×10^4t$。

西藏全区隆起山地对流型天然地热资源（温泉排放量）的地热流体总开采量约为$0.77×10^8m^3/a$，可采热量（温泉排放量）为$1700.77×10^{13}J/a$，相当于标准煤$58.05×10^4t$。

（二）热储法

1.藏南隆起带（Ⅰ）

（1）水热系统积存热量为$100.213×10^{18}J/a$。

（2）水热系统地热资源可开采热量为$6.013×10^{18}J/a$。

2.藏中隆起带（Ⅱ）

（1）水热系统积存热量为$30.527×10^{18}J/a$。

（2）水热系统地热资源可开采热量为$1.832×10^{18}J/a$。

3.藏北隆起带（Ⅲ）

（1）水热系统积存热量为1.128×10^{18}J/a。

（2）水热系统地热资源可开采热量为0.068×10^{18}J/a。

4.藏东隆起带（Ⅳ）

（1）水热系统积存热量为43.527×10^{18}J/a。

（2）水热系统地热资源可开采热量为2.612×10^{18}J/a。

西藏全区中低温（小于150℃）隆起山地对流型水热系统积存热量为175.39584×10^{18}J/a，相当于59.86×10^{8}t标准煤，可利用地热资源总量若按6%提取为10.52375×10^{18}J/a，折合标准煤3.59×10^{8}t。

按热储法，以3～5km埋深计算西藏干热岩资源积存热量为145367.93×10^{15}J，相当于49.68×10^{8}t标准煤。经筛选全区热储温度大于150℃地热显示区有34处，据计算西藏自治区高温地热资源30年发电潜力约为2100MW。

三、地热流体地球化学特征

（一）水化学类型

热水化学类型的划分，沿用舒卡列夫的分类方法，以水中阴、阳离子的百分毫克当量数据作依据，划分出如下主要的热水化学类型。

1.重碳酸−钠型

本型水的pH为6.5～8.89，泉水温度多在45～75℃，最高88℃，最低24℃。水中Li^+、F^-、Rb、B及SiO_2等的含量较高，最高含量分别为14.4mg/L、58.9mg/L、306mg/L、168mg/L。本型水共72处，占总数的29%，主要分布在藏中和藏南地热区，如那曲热田、谷露喷泉区等。

2.重碳酸−钙型

水中Ca^{2+}、Na^+、Mg^{2+}等的百分毫克当量数均已达到命名标准，但Ca^{2+}的百分毫克当量数最多，pH为5.5～7.88。泉水温度一般小于45℃，个别可达75℃，本型水共47处，占总数的19%，主要分布于藏东地热活动区内。本型水多出现于热显示区分布带的边缘，表现出冷水大量渗混的特征。

3.重碳酸·氯−钠型

pH为6～8.08，泉水温度一般小于75℃，其中大于45℃和小于45℃的水几乎各占一半，最高达83℃，最低9℃。本型水共19处，占总数的7.6%，主要分布于藏南区的噶尔、日喀则及藏东聂荣以东地区。

4.重碳酸·硫酸—钠型

pH为6.5～8.5，泉水温度一般在45～75℃，最高86.5℃，最低11℃。水中Li^+、F^-、Cl^-、HBO_2及SiO_2等含量较高。本型水共16处，占总数的6.4%，主要分布于藏南和藏东地热活动区内。

5.重碳酸·硫酸—钙型

热水中Na^+、Ca^{2+}、Mg^{2+}的百分毫克当量数均已超过25%，本型水共23处。pH为6.0～8.85，泉水温度一般小于45℃，只有一处水温为82℃。水中Li^+、F^-、Cl^-、B、SiO_2等含量普遍较低，主要分布于藏东区的索县、巴青以及藏南区与藏东区的交汇地带。

6.氯—钠型

热水中只有Ca^{2+}、Na^+离子的百分毫克数超过25%，pH为7.0～8.8，泉水温度一般都大于75℃。水中Li^+、F^-、Cl^-、B和SiO_2含量普遍较高。除去盐泉水外，Li^+、F^-的最高含量分别为20.9mg/L和11.02mg/L。本型水只发现七处，全部分布于藏南地热活动区内，如羊八井、苦玛地热显示区等。

一般认为，本型具有高温地热系统的指示意义、但西藏的地热地质条件比较复杂，因而氯—钠型水具有多种成因，将它作为高温地热系统的指示型看待时，需要慎重。

7.氯·重碳酸—钠型

pH一般为7.0～9.39，个别为6.92。泉水温度一般都大于45℃，最高93℃，最低水温37.5℃。水中Li^+含量最高可达21.3mg/L。本型水共20处，除两个水样外，全部出露于藏南地区，且主要集中于噶尔、昂仁、南术林及尼木等地。

8.硫酸·重碳酸—钙型

Ca^{2+}、Na^+、Mg^{2+}的百分毫克当量数均已超过25%，可组合成各种形式。pH为5.5～8.55，泉水温度一般20～56℃，最高88℃，最低15℃。本型水共有18处，主要发布于藏东的巴青、昌都一带。

9.氯·硫酸—钠型

水中阴离子百分毫克当量数以Cl^-居首位，SO_4^{2-}次之。热水的pH为6.5～9.3，泉水温度大部分超过70℃，最高水温86℃，最低42℃。水中Li^+、Cl^-、F^-、B、SiO_2等含量较高。本型水共有八处，主要分布于藏南地热活动区内。

10.硫酸—钠型

阴离子只有SO_4^{2-}的百分毫克当量数超过25%，Na^+的含量大于Ca^{2+}，pH为8.0～8.4，泉水温度

52～61℃。本型水共有四处，两处出露于雅江大拐弯处，另两处分别出露于藏东区的八宿和江达。

11.碳酸–钠型

Ca^{2+}的百分毫克当量数最高，阳离子中只有Na^+的百分毫克当量大于25%，pH为9.45～10.17，泉水温度43～96℃，最低水温为16℃。本型水共有五处，全部出露于藏南。

12.重碳酸·氯–钠·钙型

在热水阳离子中Na^+的百分毫克当量数位居第一，Ca^{2+}居第二，pH为7.0～7.25，泉水温度32～86℃，本型水只有三处。

13.氯·重碳酸–钙型

Ca^{2+}、Na^+、Mg^{2+}等的百分毫克当量数均已达标，只有两处，温度分别为7.7℃和17℃。

（二）pH、矿化度

1.pH

西藏各地热活动区pH的百分含量可以从图2.2中看出，西藏的热水以中性水为主，未见pH小于5.0的强酸性水。各区pH相比较，热水的酸性略有变化。藏南区的通麦温泉的pH高达10.17，是西藏唯一的强碱性热水。

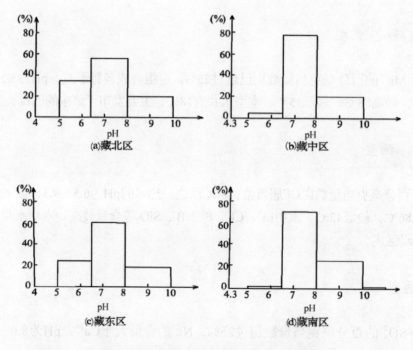

图 2.2　各地热活动区热水 pH 直方图

2.矿化度

西藏各地热活动区内的热水以微咸水为主,占总数的50%以上;淡水次之,为38%。未见热卤水(图2.3)。

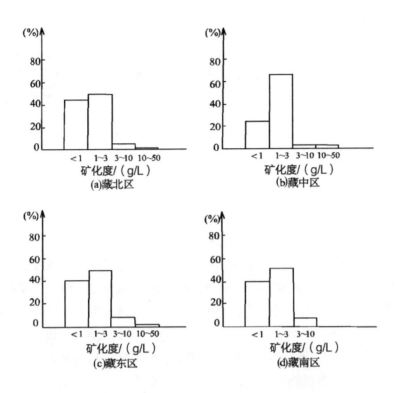

图2.3　各地热活动区热水矿化度组成直方图

（三）热水组分含量在区域上的变化特征

热水组分的含量与地热地质条件密切相关,各地热活动区的地热地质条件的差异,是导致热水中组分含量变化的直接原因,各组分含量变化具有如下特性。

1.Li^+、Cl^-、F^-、B^{3+}、Cs^+、As和SiO_2

Li^+、Cl^-、F^-、B^{3+}、Cs^+、As和SiO_2等组分的含量在区域上的变化情况基本上一致。从藏北、藏东、藏中、藏南各区含量逐渐增加。这些组分在热水中的含量与热水的温度成正相关性,他们在区域上的变化趋势与西藏现代地热活动从北到南由弱到强的变化特征是一致的。

上述组分平均值的均方差在藏南和藏中都较大。藏南属于高温地热活动区,各显示区的热水温度变化较大,各组分含量变化也较大,因而在统计中表现出较大的离散性。而藏中属于中温地热活动区,与藏南相比较其温度组成较为均匀,出现较大的离散性可能是外来因素的影响,这似乎与藏中大面积分布盐湖不无关系。例如,藏中区当惹雍错盐湖北面的泉水温度为50℃,但其Cl^-和B^{3+}含量都高达1020mg/L和142mg/L;而在该泉区以北远离湖区的一个热泉区,泉水温度也是50℃,但其Cl^-和B^{3+}

含量都高达14.5mg/L和34.8mg/L。

2.K^+、Na^+、Rb^+

K^+、Na^+、Rb^+的平均含量在藏中区最高，藏南区次之，藏东和藏北两区最小。一般认为，此类组分与热水对岩浆岩的淋滤作用有关，它们在热水中的含量与温度有较为稳定的正相关关系。藏南和藏东岩浆岩广泛分布的地区，因而其热水中的K^+、Na^+、Rb^+含量高于藏北地区。但藏中区的岩浆岩分布并不普遍，热水温度也不高，而其含量平均值却位居各区之首，且平均值的均方差也达最高值，这表明这些组分来源于岩浆岩的淋滤外，还可能来源于本区众多的盐湖。

3.SO_4^{2-}、HCO_3^-

SO_4^{2-}含量平均值在藏东区最大，藏中区次之，藏南区最小。SO_4^{2-}主要是由岩层中的石膏矿物的溶解以及含硫矿物和深部H_2S的氧化所致。西藏盐湖中的SO_4^{2-}含量相当高，在特定的条件下也可以成为热水中的SO_4^{2-}的来源。事实上藏北和藏中SO_4^{2-}含量高的泉区多位于盐湖岸边或古湖盆区，这说明SO_4^{2-}的来源也与盐湖有关。藏东区SO_4^{2-}含量高的泉是沿巴青—丁青—昌都一线出露，而这一线的侏罗系—古近系、新近系的地层富含石膏矿物，热水中的SO_4^{2-}可能是溶解这些矿物的结果。藏南区几乎不存在盐湖，也少有含有石膏矿物的地层，因而热水中的SO_4^{2-}含量普遍较低。而含量相对较高的泉区多出现在活动构造带内，其SO_4^{2-}可能为深部的H_2S外溢时氧化的结果，在羊八井、岗巴等热活动区就属于此种情况。

HCO_3^-含量的变化与SO_4^{2-}含量略有不同，其平均值在藏中区最大，藏东区次之，藏南区最小。HCO_3^-是大气降水和地表水体中含量最多的组分，在西藏盐湖中的含量高达数千毫克每升。研究表明，HCO_3^-含量与温度之间具有较为稳定的负相关关系，他在热水中大量出现，往往指示大气降水和地表水体在地热系统浅部渗混作用的结果，而藏中和藏东两区高含量的HCO_3^-即可能与存在的盐湖和丰沛的降水有关。

4.Ca^{2+}、Mg^{2+}

Ca^{2+}、Mg^{2+}在藏东区含量最大，藏北区次之，藏南区含量最小。

这两种离子是大气降水和地表水体（包括湖水）以及地下潜水中的主要阳离子，它们在泉水中大量出现往往指示出上述水体的较强的渗混作用，其含量在区域上的变化与地热活动的区域特征有较好的对应关系。

（四）地热流体质量评价

1.医疗热矿水评价

医疗热矿水评价以《地热资源地质勘查规范》附录C《医疗热矿水水质标准》（表2.1）为依据，

以此次工作区范围内的地热水中各元素实际含量与之对比进行医疗热矿水评价。

表2.1 医疗热矿水水质标准（热矿水温度25℃） （单位：mg/L）

成分	有医疗价值浓度	矿水浓度	命名矿水浓度	矿水名称
二氧化碳	250	250	1000	碳酸水
总硫化氢	1	1	2	硫化氢水
氟	1	2	2	氟水
溴	5	5	25	溴水
碘	1	1	5	碘水
锶	10	10	10	锶水
锂	1	1	5	锂水
铁	10	10	10	铁水
钡	5	5	5	钡水
锰	1	1	—	
偏硼酸	1.2	5	50	硼水
偏硅酸	25	25	50	硅水
偏砷酸	1	1	1	砷水
偏磷酸	5	5	—	
镭/(g/L)	10^{-11}	10^{-11}	$>10^{-11}$	镭水
氡/(Bq/L)	37	47.14	129.5	氡水

注：本表根据：a.1981年全国疗养学术会议修订的医疗矿泉水分类标准；

b.地矿部水文地质工程地质研究所编写的《地下热普查勘探方法》（地质出版社，1973），并参照苏联、日本等有关标准综合制定；

c.卫生部文件［73］卫军管第29号《关于北京站热水井水质分析和疗效观察工作总结报告》。

本次工作在野外对西藏地热水样进行统计分析，与《医疗热矿水水质标准》对比，除日喀则市拉孜县锡钦乡温泉、拉萨市堆龙德庆县邱桑温泉、当雄县县城、林芝市林芝县派乡的热泉外，其余地热显示区（点）均达到氟的"命名矿水浓度"，可命名为"氟水"。"硅水"除日喀则市江孜县金嘎乡、那曲地区比如县采达乡、下秋卡的地热水外，其余都达到偏硅酸"命名矿水浓度"标准。可定名为"锂水"的有11个、"硼水"的有15个、"砷水"的有9个，各地热显示区（点）的位置、名称如表2.2所示。

综上所述，西藏的地热流体按《医疗热矿水水质标准》可分为五种，即"氟水"、"硅水"、"锂水"、"硼水"、"砷水"。多种不同的对人体健康有益的微量元素，对人体机能具有良好的调节功能，能加强代谢、促进血液循环、舒筋活血、杀菌消炎之功效，能对心血管疾病、神经功能紊乱、风湿病等疾病起到理疗作用，对关节炎、皮肤病、综合疲劳症等均有显著的医疗保健作用，具有较高的医疗保健价值，可用于医疗保健用水。

2.渔业用水水质评价

对渔业用水水质影响较大的元素主要是氟化物、酚、砷及汞。汞的毒性很大，鱼类对汞的富集能力极强，富集系数高达105，由于鱼类既可直接从水中又可间接从饵料中富集汞，因此，即使养殖水体中汞的含量对鱼类生长无直接影响，它还可能通过食物链对人类造成危害。砷对水生物的毒性大，鱼类及其他水生物也能对砷富集浓缩，但程度要比对汞的富集小。无机氟化物是一种持久性生物积累物，与钙有特殊的亲和力，对骨骼影响很大，过量的氟会使鱼畸形甚至死亡，也会通过在鱼体内的富集而间接影响到人类。因此、纵观西藏的地热水体，各个不同的水体中各有不同的微量元素不同程度的超过国家规定的渔业用水标准，不能作为渔业用水，但可以经淡化处理后进行渔业养殖。羊八井就是如此，利用地热发电尾水将其稀释冷却，温度控制在22～35℃，养殖热带罗非鱼获得了成功。

3.农业灌溉用水评价

我国对农田灌溉用水的水质评价标准为《农田灌溉水质标准》（GB-5084-92），该标准中规定的汞、镉、铬、铅、铜、锌、硒等微量元素在西藏地热水中未超标，但部分地热显示区（点）的砷超标，如日喀则市昂仁县塔格架地热间歇喷泉区的砷一般都在6.00mg/L左右，最高的是日喀则市南木林县芒热乡地热水中，砷高达6.759mg/L。含盐量可用水质分析结果中的矿化度（溶解性总固体含量）来表征，西藏地热水中的矿化度几乎都超标，只有极个别的在1000mg/L以下，最高的可达3560.17mg/L（那曲地区比如县茶曲乡），氯化物、氟化物、硼均不符合《农田灌溉水质标准》（GB-5084-92）。西藏的地热流体在不同的地区均有不同的化学组分不同程度的超过国家规定的标准，在氯化物、含盐量超标地区容易使土壤盐渍化，形成盐碱地。硼是植物正常发育必不可少的微量元素，在缺硼土壤中合理施用硼肥可提高农作物产量和质量，但是环境中过量的硼又会使土壤变坏及农作物受害。植物中一般含有一定数量的氟而不影响其生长发育，但是氟对植物是敏感的微量元素，过量的氟也会引起植物死亡。因此，总体评价西藏的地热水不适宜农田、牧场灌溉。

4.工业用水评价

地热流体用于工业生产由于其矿化度含量高极易在生产设备内部产生结垢而堵塞通道，同时，容易对金属表面进行腐蚀而缩短设备使用寿命。

地热流体中溶有大量的不凝气体CO_2，地热流体在上升运移的过程中，随着压力的降低而达到饱和时，CO_2气体逸出，使如下化学反应平衡向右移动

$$Ca^{2+}+HCO_3^- \rightarrow CaCO_3 \downarrow +H_2O+ CO_2 \uparrow$$

而产生$CaCO_3$沉淀形成结垢。

由于地热流体中存在有大量的不凝气体CO_2、H_2S等，当金属设备在空气中与这些气体接触时就会被氧化腐蚀。其腐蚀机理是：当地热流体温度、压力下降，这些气体从热流体中逸出，在空气中与金属设备发生如下化学反应：

$$O_2+M（Fe·Cu·Al）{\rightarrow}M_mO_n(F_2O_3·CuO·Al_2O_3)$$

$$H_2S+M（Fe·Cu·Al）{\rightarrow}M_mS_n(Fe_2S_3·CuS·Al_2S_3)+H_2\uparrow$$

H_2S在O_2的作用下，易于形成硫酸而增强腐蚀作用，即

$$H_2S+O_2+M（Fe·Cu·Al）{\rightarrow}M_m(SO_4)_n\left[（Fe_2(SO_4)_3.CuSO_4·Al_2(SO_4)_3）\right]+H_2\uparrow$$

因此，在开发利用地热流体时，应注意防腐与结垢。在金属设备外表涂涮防腐剂和防护漆，可起到降低或减缓地热流体的腐蚀，再一个就是尽量选用抗硫酸、H_2S等腐蚀的材料设备。羊八井地热电厂采用机械除垢方法，比较笨重，较好的除垢方法是在热流体中加阻垢剂以达到降低或减缓结垢的目的，或者是保持压力不变，在一个恒压的系统中开发利用地热流体。

根据《热矿水矿物原料提取工业指标》此次工作所采取的地热水样中无一达标（铯、铷、锗未做）。但在查阅拉多岗地热田以往水化学资料时发现锂离子浓度为41.43mg/L（工业指标>25mg/L），据此，可在拉多岗地热田开展锂的工业提取。

四、地热资源开发利用历史及现状

(一) 开发利用历史

西藏地热资源丰富，分布广。西藏地热资源利用历史悠久，但开发利用率很低。在20世纪50年代以前，西藏地热资源仅限于利用天然露头和温泉的直接利用，且主要用于医疗和洗浴方面（表2.2）。因交通不便、经济落后等因素限制，地热资源的利用仅限于地热天然露头周边大约20~30km范围内的达官贵人使用，如西藏日喀则市萨迦卡乌温泉，在旧社会专属于萨迦法王，到现在还保留着法王洗浴池。新中国成立后，随着国家经济建设的发展和人民生活水平日益提高，越来越多的普通百姓也开始了温泉的洗浴。随着中央和全国兄弟区市对西藏的援助力度的加大，西藏地热开始了新的开发利用阶段。

表2.2　西藏医疗热矿水水质评价表

地区	热显示区（点）		氟	偏硅酸	锂	偏硼酸	偏砷酸
日喀则	昂仁县	塔格架	√	√			
		热龙	√	√		√	√
		曲开龙	√	√			√
	定日县	洛洛	√	√			
		茶就	√	√			
	岗巴县	龙中乡	√	√			
		孔玛乡	√	√	√	√	
	亚东县	康布堆	√	√			
	江孜县	金嘎乡			√	√	
	萨迦县	卡吾乡	√	√	√		

续表

地区	热显示区（点）		氟	偏硅酸	锂	偏硼酸	偏砷酸
日喀则	拉孜县	锡钦乡		√			
	谢通县	卡嘎乡	√	√			
		查布乡	√	√	√	√	
	南木林县	芒热乡	√	√	√	√	√
		普当乡	√	√			√
拉萨市	尼木县	续迈	√	√			
	堆龙德庆县	邱桑		√		√	
	墨竹工卡县	日多	√			√	√
	当雄县	羊易乡	√	√	√		
		羊八井	√	√	√		√
		拉多岗	√	√	√		
		仲嘎乡		√			
		宁中乡	√	√			√
		县城		√	√	√	
那曲地区	那曲县	那曲镇	√	√			√
		罗马镇	√	√			
		拿日多村	√	√			
		桑堆镇	√				
		谷露镇	√				√
	聂荣县	尼玛乡	√	√			
	比如县	采达乡	√			√	
		茶曲	√	√	√	√	
		恰则乡	√	√	√	√	
		下秋卡	√		√	√	
	巴青县	雅安	√	√			
	索县	高口乡	√	√			
山南地区	错那县	县城	√				
	错美县	古堆乡		√		√	
林芝市	林芝县	派乡		√			
		雅江大峡谷	√	√			

注：打"√"者为符合《医疗热矿水水质标准》中的"命名矿水浓度"。

1.地热资源调查阶段

1951～1953年，中国科学院西藏工作队对羊八井瓷土矿和硫黄矿进行了调查，认为它们与地热活动有关，并报道了热水湖。

1960年，西藏地质局拉萨地质队羊八井瓷土矿进行了矿点检查，并测定了个别温泉的流量及水温。

1972年，西藏地质局第三地质大队在对羊八井瓷土矿进行钻探时，发现了深度35m以下普遍增温，钻探至30～50m深处的泥浆出口温度可达40～50℃，增温梯度很高，提出了进一步工作的建议。

1973年，中国地质科学院地质力学研究所和中国地质科学院水文地质研究所对羊八井等五处泉群进行了踏勘，编写了"西藏几处温泉概况"一文。

1974年，西藏综合地质大队一分队物探组在羊八井温泉区进行了70km²的1∶2.5万电测深工作；并进行了电、磁综合物探试验工作，取得了岩矿视电阻率，地表及地下浅层热水成分及赋存条件的资料。

2.地热资源勘查与开发阶段

1975年，中国科学院综合考察队地热组受原水电部西藏工作组和西藏科委的委托，对羊八井热田进行了全面的地表调查评价工作，并配合西藏第三地质大队对羊八井热田浅层热储施工了羊1（ZK316）、羊2（ZK317）两口井。

1976年，西藏地质局地热地质大队成立，正式展开对羊八井热田的普查工作。西藏地质局地热地质大队成立后同时对郎久、羊易、那曲、谷露、拉多岗等热田进行了勘查评价工作。

1978年，羊八井热田建成西藏历史上的第一座装机容量为7000W的地热电站，并向拉萨输电。

进入20世纪90年代后，西藏全区有地热资源的地区，通过各种渠道筹集资金开发地热资源，发展养殖，建立地热疗养院，开办集医疗、娱乐、旅游于一体的温泉旅游度假村及不同形式的地热综合利用中心等，初步统计结果到目前为止西藏大小温泉洗浴度假村近30个（主要调查雅鲁藏布江中段和青藏铁路沿线区），从而使西藏地热资源的勘查与开发利用上进入了一个全新的发展阶段。

那曲地热田于1993年从以色列欧马特（ORMAT）公司引进1000kW发电机组一台，1994年投入生产发电，当年发电$60×10^4$kW·h。由于结垢问题，1995～1997年三年未发电，1998年8月开始发电，到年底发电$40×10^4$kW·h，从1999年开始因为结垢停产至今未发电。

朗久地热电站1985年10月投产运行，装机容量为2000kW、两台机组，由于供汽不足而停运1台，到1988年发电$162×10^4$kW·h，1989～1993年因汽量不足未生产，1994年恢复发电，但还因汽量不足1台机组断续发电，至1998年发电$711.6×10^4$kW·h，1999年最终因汽量不足、结垢严重而停止发电。

（二）开发利用现状

1）地热浴疗

利用地热资源浴疗在西藏是最有前景的一项综合开发项目。地热流体中特殊的物质组分，如氟、溴、碘、锂、锶、偏硅酸等的含量在许多地热流体中都达到了有医疗价值的浓度，对人类的各种顽固性疾病如关节炎、胃肠道疾病、心血管疾病都有较好的疗效。例如，亚东县康布地热显示区内有温泉口12个，每个泉对各种不同类型的疾病都有不同的治疗效果，长期以来，慕名而来的藏汉居民包括国外人士前往治疗的络绎不绝。可见地热浴疗受温泉所在地城和人口分布情况限制较。

2）地热供暖

西藏高原气候高寒，漫长的冬季普遍需要采暖，而现阶段在西藏利用地热资源采暖的规模与范围都十分有限。

例如，那曲镇在20世纪80年代就进行过地热供暖，由于在地热采暖过程中因地热流体质量的原因造成管道腐蚀结垢而被迫终止，下一步正在规划采用热交换的形式，为那曲镇提供地热供暖。

错那县城的地热采暖方式是采用水渠引流，地热流体从居室中流过，为居室提供热量，这一方式必然导致地热流体下渗污染当地的地下水，并且热水在水渠中流淌的过程中一些溶解于其中的有害气体挥发，引起居室内空气严重污染，如SO_2、H_2S等气体在居室中的浓度均已超过了空气严重污染的指标下限，在错那县城采用这一方式采暖的建筑面积约为3000m²。

3）地热发电

在西藏已探明储量并用于发电的热田寥寥无几，仅有羊八井、羊易、那曲热田等。朗久热田20世纪80年代短时间生产发电，只因热资源不足，处于半瘫痪状态；那曲热田也是于20世纪80年代短时间生产发电，只因结垢问题，处于半瘫痪状态。羊易热田于2013年开始试验发电。

4）地热井分布

全区的地热井主要分布在羊八井、羊易、拉多岗、那曲地热田，少数分布在那曲县罗玛镇，康马县城等，约有150口地热井（包括测温井、勘探井、探采井、生产井），如今测温井已报废、勘探井基本报废。

第二节 温 泉

XZQ001 日多温泉（代表12个温泉）

位置：西藏拉萨市墨竹工卡县日多乡，海拔4369m。

概况：泉口温度79.4℃。该泉出露在河流右岸的泉华台地上，出露大小温泉有12处，泉华以钙华为主，硅华次之。西距墨竹工卡县城约70km，处在G318国道边，交通条件较好。

水化学成分：2008年11月考察时取样测试（表2.3）。

表2.3 XZQ001日多温泉化学成分 （单位：mg/L）

T_S/℃	pH	TDS	Na⁺	K⁺	Ca²⁺	Mg²⁺
79.5	7.6	1580.03	323.48	32.37	61.04	10.1
Li	Rb	Cs	NH₄⁺	CO₃²⁻	HCO₃⁻	SO₄²⁻
1.53	nd.	nd.	0.6	nd.	448.95	300.51
Cl⁻	F⁻	CO₂	SiO₂	HBO₂	As	化学类型
170.23	6	na.	87.68	138.31	1.047	HCO₃·SO₄·Cl–Na

注：T_S为取样温度；TDS为溶解性总固体量，mg/L；各组分单位为mg/L；na.表示未分析或数据缺失；nd.表示未检出，下同。

开发利用：现已建成温泉旅游度假村，平时节假日：接待100人次/天，国庆、五一长假期接待400~500人次/天（图2.4）。

图2.4 日多温泉（XZQ001）

图2.5 日多温泉（XZQ002）

XZQ002 日多温泉

位置：西藏拉萨市墨竹工卡县日多乡，海拔4385m。

概况：日多温泉度假村，泉口温度80.6℃，流量0.289m³/h，交通条件较好（图2.5）。

水化学成分：2008年11月考察时取样测试（表2.4）。

表2.4 XZQ002日多温泉化学成分 （单位：mg/L）

T_S/℃	pH	TDS	Na⁺	K⁺	Ca²⁺	Mg²⁺
80.6	7.9	1575.8	312.08	27.88	69.29	11.01

续表

Li	Rb	Cs	NH$_4^+$	CO$_3^{2-}$	HCO$_3^-$	SO$_4^{2-}$
na.	nd.	nd.	0.8	na.	455.15	298.54

Cl$^-$	F$^-$	CO$_2$	SiO$_2$	HBO$_2$	As	化学类型
168.82	5.8	na.	87.7	138.37	1.246	HCO$_3$·SO$_4$·Cl–Na

XZQ003 日多温泉

位置： 西藏拉萨市墨竹工卡县日多乡，海拔4368m。

概况： 泉口温度79.5℃，流量40L/s，交通条件较好（图2.6）。

水化学成分： 2008年11月考察时取样测试（表2.5）。

图 2.6　日多温泉（XZQ003）

表2.5　XZQ003 日多温泉化学成分　　　　　　（单位：mg/L）

T_s/℃	pH	TDS	Na$^+$	K$^+$	Ca^{2+}	Mg^{2+}
79.5	7.7	1457.71	292.32	25.4	63.79	10.76

Li	Rb	Cs	NH$_4^+$	CO$_3^{2-}$	HCO$_3^-$	SO$_4^{2-}$
na.	nd.	nd.	0.7	na.	455.15	209.57

Cl$^-$	F$^-$	CO$_2$	SiO$_2$	HBO$_2$	As	化学类型
168.12	6.05	na.	89.04	136.55	0.605	HCO$_3$·Cl·SO$_4$–Na

XZQ004 羊易温泉（代表20个温泉）

位置： 西藏拉萨市当雄县格达乡羊易村囊增沟，海拔4691m。

概况： 属于羊易地热田，泉口温度81.8℃，泉口沉积物主要为钙华（图2.7）。交通条件较好，有羊易乡村公路经过。

水化学成分： 2008年8月考察时取样测试（表2.6）。

表2.6　XZQ004羊易温泉化学成分　　　　（单位：mg/L）

T_S/℃	pH	TDS	Na$^+$	K$^+$	Ca^{2+}	Mg^{2+}
86.8	8.4	1428.6	350	21.51	2.52	nd.
Li	Rb	Cs	NH$_4^+$	CO$_3^{2-}$	HCO$_3^-$	SO$_4^{2-}$
9.73	nd.	nd.	0.08	147.08	191.43	175.87
Cl$^-$	F$^-$	CO$_2$	SiO$_2$	HBO$_2$	As	化学类型
155.08	9.5	na.	230	128.49	0.05	CO$_3$·Cl-Na

开发利用： 有附近百姓前来沐浴和洗涤衣物。

图2.7　羊易温泉（XZQ004）

图2.8　羊易温泉（XZQ005）

XZQ005 羊易温泉

位置： 西藏拉萨市当雄县格达乡羊易村囊增沟，海拔4688m。

概况： 羊易地热田，泉口温度86.8℃，泉口沉积物为主要钙华（图2.8）。交通条件较好，有羊易乡村公路。

水化学成分：2008年8月考察时取样测试（表2.7）。

表2.7　XZQ005 羊易温泉化学成分　　　（单位：mg/L）

T_S/℃	pH	TDS	Na⁺	K⁺	Ca²⁺	Mg²⁺
86.8	8.4	1428.6	350	21.51	2.52	nd.
Li	Rb	Cs	NH₄⁺	CO₃²⁻	HCO₃⁻	SO₄²⁻
9.73	nd.	nd.	0.08	147.08	191.43	175.87
Cl⁻	F⁻	CO₂	SiO₂	HBO₂	As	化学类型
155.08	9.5	na.	230	128.49	0.05	CO₃·Cl-Na

开发利用：无开发。

XZQ006 羊易温泉

图2.9　羊易温泉（XZQ006）

位置： 西藏拉萨市当雄县格达乡羊易村恰拉改沟内，海拔4688m。

概况： 属于羊易地热田，泉口温度86.6℃。泉口沉积物为主要钙华（图2.9），0.165m³/h。交通条件较好，有羊易乡村小路经过。

水化学成分： 2008年8月考察时取样测试（表2.8）。

表2.8　XZQ006羊易温泉化学成分　　　（单位：mg/L）

T_S/℃	pH	TDS	Na⁺	K⁺	Ca²⁺	Mg²⁺
86.6	9.2	1700.41	444	24.18	3.36	nd.
Li	Rb	Cs	NH₄⁺	CO₃²⁻	HCO₃⁻	SO₄²⁻
11.13	nd.	nd.	0.02	288.28	41.87	232.58
Cl⁻	F⁻	CO₂	SiO₂	HBO₂	As	化学类型
86.45	14	na.	278.4	162.76	0.18	CO₃-Na

开发利用：无开发。

XZQ007 羊易温泉

位置: 西藏拉萨市当雄县格达乡羊易村恰拉改沟内,海拔4650m。

概况: 羊易热田,泉口温度88.2℃,泉口沉积物为钙华,流量28.40m³/h。交通条件较好,有羊易乡村小路(图2.10)。

水化学成分: 2008年8月考察时取样测试(表2.9)。

表2.9 XZQ007羊易温泉化学成分 (单位: mg/L)

T_s/℃	pH	TDS	Na^+	K^+	Ca^{2+}	Mg^{2+}
88.2	9.15	1652.45	420.58	24.4	1.68	nd.
Li	Rb	Cs	NH_4^+	CO_3^{2-}	HCO_3^-	SO_4^{2-}
10.35	nd.	nd.	0.12	250.04	89.73	238.21
Cl^-	F^-	CO_2	SiO_2	HBO_2	As	化学类型
182.96	14	na.	257.2	154.19	0.18	CO_3-Na

开发利用: 无开发。

图 2.10 羊易温泉(XZQ007)

XZQ008 吉达果温泉（代表3个温泉）

位置：西藏拉萨市当雄县格达乡吉达果，海拔4605m。

概况：温度64.1℃，流量为17.64m³/h，泉口沉积物为钙华。吉达果地热显示区目前基本处于自然原始状态。因其泉华台地上多个热泉流量较大且温度较高，过去附近百姓在此挖坑掘渠集水进行洗浴治疗（图2.11）。

水化学成分：2012年9月考察时取样测试（表2.10）。

表2.10　XZQ008吉达果温泉化学成分　　　　（单位：mg/L）

T_S/℃	pH	TDS	Na^+	K^+	Ca^{2+}	Mg^{2+}
64.1	7.25	1311.15	258.8	17.2	48.12	3.89
Li	Rb	Cs	NH_4^+	CO_3^{2-}	HCO_3^-	SO_4^{2-}
3.08	nd.	nd.	<0.02	na.	478.37	199.9
Cl^-	F^-	CO_2	SiO_2	HBO_2	As	化学类型
99.98	7	na.	119.23	78.4	0.38	$HCO_3·SO_4-Na$

开发利用：根据吉达果地热资源的特点及交通条件，建议该地热资源开发利用的方向为洗浴、温室、供暖、养殖等。

图2.11　吉达果温泉（XZQ008）

图2.12　吉达果温泉（XZQ009）

XZQ009 吉达果温泉

位置：西藏拉萨市当雄县格达乡吉达果，海拔4628m。

概况：温度65℃，流量为33.84m³/h。吉达果地热显示区目前基本处于自然原始状态（图2.12）。

水化学成分：2012年9月考察时取样测试（表2.11）。

表2.11　XZQ009吉达果温泉化学成分　　　　　　（单位：mg/L）

T_S/℃	pH	TDS	Na⁺	K⁺	Ca²⁺	Mg²⁺
65	7	1236.22	249.2	14.96	48.12	3.89
Li	Rb	Cs	NH_4^+	CO_3^{2-}	HCO_3^-	SO_4^{2-}
na.	nd.	nd.	<0.02	na.	463.73	161.46
Cl⁻	F⁻	CO_2	SiO_2	HBO_2	As	化学类型
98.56	6.8	na.	117.95	71.43	na.	HCO_3-Na

XZQ010 仲嘎温泉

位置： 西藏拉萨市当雄县仲嘎乡，海拔4462m。

概况： 泉口温度62.5℃，泉域面积0.0015km²，流量60.93m³/h。交通条件良好，自当雄县24km后步行3km即到。

水化学成分： 2008年5月考察时取样测试（表2.12）。

图2.13　仲嘎温泉

表2.12　XZQ010仲嘎温泉化学成分　　　　　　（单位：mg/L）

T_S/℃	pH	TDS	Na⁺	K⁺	Ca²⁺	Mg²⁺
62.5	7.05	856.5	213.7	24.9	63.21	10.75
Li	Rb	Cs	NH_4^+	CO_3^{2-}	HCO_3^-	SO_4^{2-}
na.	nd.	nd.	nd.	nd.	717.81	40
Cl⁻	F⁻	CO_2	SiO_2	HBO_2	As	化学类型
31.39	1.6	na.	95.94	na.	<0.01	HCO_3-Na

开发利用： 开发利用现状主要为洗浴（80人次/a）（图2.13）。

XZQ011 宁中温泉

位置： 西藏拉萨市当雄县宁中乡曲才村，海拔4238m。

概况： 泉口温度103℃，沸泉，自然露头热泉，泉域面积0.8km²，泉口沉积物为钙质热泉华台。交通条件良好，距G109国道约4km。

水化学成分： 2008年5月考察时取样测试（表2.13）。

表2.13　XZQ011宁中温泉化学成分　　　　　　（单位：mg/L）

T_s/℃	pH	TDS	Na^+	K^+	Ca^{2+}	Mg^{2+}
91	8.51	2055	648	120.5	19.27	7.01
Li	Rb	Cs	NH_4^+	CO_3^{2-}	HCO_3^-	SO_4^{2-}
9.64	nd.	nd.	nd.	97.91	503.26	425.06
Cl^-	F^-	CO_2	SiO_2	HBO_2	As	化学类型
475.46	3	na.	120.69	na.	7.4982	$Cl \cdot SO_4–Na$

开发利用：开发利用现状主要为洗浴（300人次/a）。

XZQ012 宁中温泉

位置：西藏拉萨市当雄县宁中乡曲才村，海拔4238m。

概况：泉口温度91℃，流量0.73m³/h，泉域面积0.8km²，泉口沉积物为钙华。交通条件良好，距G109国道西南2km，处在当雄县西南约20km处（图2.14）。

水化学成分：2008年5月考察时取样测试（表2.14）。

表2.14　XZQ012宁中温泉化学成分　　　　　　（单位：mg/L）

T_s/℃	pH	TDS	Na^+	K^+	Ca^{2+}	Mg^{2+}
91	8.51	2055	648	120.5	19.27	7.01
Li	Rb	Cs	NH_4^+	CO_3^{2-}	HCO_3^-	SO_4^{2-}
na.	nd.	nd.	nd.	97.91	503.26	425.26
Cl^-	F^-	CO_2	SiO_2	HBO_2	As	化学类型
475.46	3	na.	120.69	na.	7.4982	$Cl \cdot SO_4–Na$

开发利用：开发利用现状主要为洗浴。

图 2.14　宁中温泉

图 2.15　拉多岗温泉

XZQ013 拉多岗温泉

位置：西藏拉萨市当雄县羊八井镇拉多岗，海拔4535m。

概况：泉口温度52.1℃，泉域面积0.6km²。交通条件良好，处在G109国道北边，西距羊八井镇20km（图2.15）。

水化学成分：2008年5月考察时取样测试（表2.15）。

表2.15　XZQ013拉多岗温泉化学成分　　　（单位：mg/L）

T_S/℃	pH	TDS	Na^+	K^+	Ca^{2+}	Mg^{2+}
52.1	6.64	4644.5	973.7	385	158.02	8.18
Li	Rb	Cs	NH_4^+	CO_3^{2-}	HCO_3^-	SO_4^{2-}
40.15	nd.	nd.	nd.	nd.	1124.67	45
Cl^-	F^-	CO_2	SiO_2	HBO_2	As	化学类型
1630.98	2	na.	82.01	na.	0.88	$Cl·HCO_3-Na$

XZQ014 当雄县城温泉

位置：西藏拉萨当雄县县城东面2km处，海拔4367m。

概况：泉口温度39.7℃，温泉泉口出露于第四系沼泽地中。

水化学成分：2008年8月考察时取样测试（表2.16）。

表2.16　XZQ014当雄县城温泉化学成分　　　（单位：mg/L）

T_S/℃	pH	TDS	Na^+	K^+	Ca^{2+}	Mg^{2+}
39	7.2	1537.42	185.32	55.25	152.79	25.46
Li	Rb	Cs	NH_4^+	CO_3^{2-}	HCO_3^-	SO_4^{2-}
2.79	nd.	nd.	0.44	na.	613.16	233.4
Cl^-	F^-	CO_2	SiO_2	HBO_2	As	化学类型
152.64	1.36	na.	45.46	69.85	0.2	$HCO_3·SO_4-Na·Ca$

开发利用：无开发，交通条件较好，在G109国道边。

XZQ015 邱桑温泉

位置：西藏拉萨市堆龙德庆县德庆乡邱桑村，海拔4326m。

概况：泉口温度45℃。泉口沉积物钙华，流量3.058L/s。交通条件较好，在距G109国道约30km处

（图2.16）。

水化学成分：2008年8月考察时取样测试（表2.17）。

表2.17　XZQ015邱桑温泉化学成分　　　　　　　　（单位：mg/L）

$T_s/℃$	pH	TDS	Na^+	K^+	Ca^{2+}	Mg^{2+}
45	6.7	1512.47	122.71	18.18	203.16	20.87
Li	Rb	Cs	NH_4^+	CO_3^{2-}	HCO_3^-	SO_4^{2-}
0.97	nd.	nd.	0.06	nd.	882.35	1.42
Cl^-	F^-	CO_2	SiO_2	HBO_2	As	化学类型
121.98	0.34	na.	46.9	92.52	0.02	$HCO_3-Ca·Na$

开发利用：开发为洗浴、浴疗，对关节炎有一定疗效。

图2.16　邱桑温泉

图2.17　续迈温泉

XZQ016 续迈温泉

位置：拉萨市尼木县续迈乡续迈村，海拔4019m。

概况：泉口位于尼木县城东北约30km处，距西南的续迈乡3km。泉口出露于小河的左岸边，泉口有河水混入，测得温度73℃，流量2.3L/s。河流的左岸为基岩出露，右岸为第四纪沼泽地，交通便利，有乡间柏油路通过（图2.17）。

水化学成分：2007年10月考察时取样测试（表2.18）。

表2.18　XZQ016续迈温泉化学成分　　　　　　　　（单位：mg/L）

$T_s/℃$	pH	TDS	Na^+	K^+	Ca^{2+}	Mg^{2+}
73	8.6	508.12	118	5.03	11.38	0.49

Li	Rb	Cs	NH$_4^+$	CO$_3^{2-}$	HCO$_3^-$	SO$_4^{2-}$
0.789	nd.	nd.	<0.02	15.15	81.35	69.96
Cl$^-$	F$^-$	CO$_2$	SiO$_2$	HBO$_2$	As	化学类型
76.67	7	na.	82.94	39.4	0.01	Cl-Na

开发利用：泉口目前无开发利用迹象。

XZQ017 错那县城温泉

位置：山南地区错那县城，海拔4337m。

概况：温度64.7℃，交通条件较好（图2.18）。

水化学成分：2007年10月考察时取样测试（表2.19）。

表2.19　XZQ017错那县城温泉化学成分　　　　　　（单位：mg/L）

T_S/℃	pH	TDS	Na$^+$	K$^+$	Ca^{2+}	Mg^{2+}
64.7	9.5	324.7	79.73	1.8	2.44	0.2
Li	Rb	Cs	NH$_4^+$	CO$_3^{2-}$	HCO$_3^-$	SO$_4^{2-}$
0.237	nd.	nd.	0.2	37.58	77.65	40.19
Cl$^-$	F$^-$	CO$_2$	SiO$_2$	HBO$_2$	As	化学类型
17.67	3.9	na.	62	11.14	0.01	HCO$_3$·CO$_3$-Na

开发利用：现今为合肥温泉宾馆，属援建项目，由私人承包，目前已在装修、还未接待客人。

图 2.18　错那县城温泉

图 2.19　古堆温泉 (XZQ018)

XZQ018 古堆温泉（代表30个温泉）

位置：山南地区措美县古堆乡，海拔4496m。

概况：温度77℃。温泉出露在山前台地上，泉口众多，呈条带状分布，泉华以钙华为主，交通条件为简易乡间路（图2.19）。

水化学成分：2007年10月考察时取样测试（表2.20）。

表2.20　XZQ018古堆温泉化学成分　　　　　（单位：mg/L）

$T_S/℃$	pH	TDS	Na^+	K^+	Ca^{2+}	Mg^{2+}
77	7.7	1842.03	402.98	32.44	40.64	14.79
Li	Rb	Cs	NH_4^+	CO_3^{2-}	HCO_3^-	SO_4^{2-}
0.419	nd.	nd.	3.6	nd.	597.78	69.31
Cl^-	F^-	CO_2	SiO_2	HBO_2	As	化学类型
401.36	4.4	na.	115.81	158.48	0.05	$Cl·HCO_3-Na$

开发利用：开发利用现状主要为洗衣、洗浴。

XZQ019 古堆温泉

图2.20　古堆温泉（XZQ019）

位置：山南地区措美县古堆乡，海拔4424m。

概况：温度53.7℃。泉华生成高高的台地，主要为钙华。有引水管道接至古堆乡学校作为生活洗漱用水，交通条件为简易乡间路（图2.20）。

水化学成分：2007年10月考察时取样测试（表2.21）。

表2.21　XZQ019古堆温泉化学成分　　　　　（单位：mg/L）

$T_S/℃$	pH	TDS	Na^+	K^+	Ca^{2+}	Mg^{2+}
53.7	7.3	2608.75	510	41	154.44	14.79
Li	Rb	Cs	NH_4^+	CO_3^{2-}	HCO_3^-	SO_4^{2-}
na.	nd.	nd.	4.6	nd.	1010.69	60.4
Cl^-	F^-	CO_2	SiO_2	HBO_2	As	化学类型
543.54	4.2	na.	59.081	205.59	0.02	$HCO_3·Cl-Na$

XZQ020 卡乌温泉（代表18个温泉）

位置： 日喀则市萨迦县卡乌村，海拔4635m。

概况： 温度58.2℃，整个泉口属钙华沉积物，处在县城东南约20km处，温泉主要出露在河流左岸较平坦且开阔的河流阶地上，有大小温泉18处，右岸为切割较厉害的陡坎峭壁，交通条件为简易乡间路（图2.21）。

水化学成分： 2007年10月考察时取样测试（表2.22）。

表2.22　XZQ020卡乌温泉化学成分　　　　（单位：mg/L）

T_S/℃	pH	TDS	Na$^+$	K$^+$	Ca^{2+}	Mg^{2+}
80.7	7.8	2661.95	540	65.85	7.72	0.49
Li	Rb	Cs	NH$_4^+$	CO$_3^{2-}$	HCO$_3^-$	SO$_4^{2-}$
15.38	nd.	nd.	6.5	nd.	748.75	14.6
Cl$^-$	F$^-$	CO$_2$	SiO$_2$	HBO$_2$	As	化学类型
579.39	8.5	na.	186.89	475.43	0.02	Cl·HCO$_3$–Na

开发利用： 据当地百姓讲过去为平措法王洗浴专用，现今为卡乌村管理，在泉口建有浴池及房屋，主要用于医治关节炎，据2007年调查估计来洗浴治疗的就有700人左右。

图 2.21　卡乌温泉（XZQ020）　　　　　图 2.22　卡乌温泉（XZQ021）

XZQ021 卡乌温泉

位置： 日喀则市萨迦县卡乌村，海拔4639m。

概况： 温度42.4℃，泉口为钙华沉积物，交通条件为简易乡间路。

水化学成分： 2007年10月考察时取样测试（表2.23）。

表2.23　XZQ021卡乌温泉化学成分　　　　（单位：mg/L）

$T_S/℃$	pH	TDS	Na^+	K^+	Ca^{2+}	Mg^{2+}
42.4	7.3	2625.61	532.2	55.18	20.32	1.73
Li	Rb	Cs	NH_4^+	CO_3^{2-}	HCO_3^-	SO_4^{2-}
15	nd.	nd.	7.8	nd.	771.57	10.65
Cl^-	F^-	CO_2	SiO_2	HBO_2	As	化学类型
557.57	8.5	na.	177.25	454.01	0.02	$Cl \cdot HCO_3-Na$

开发利用：过去为卓玛法王洗浴专用，现今为卡乌村所用，建有浴池、房屋，医治骨折较好（图2.22）。

XZQ022 卡乌温泉

位置：日喀则市萨迦县卡乌村，海拔4642m。

概况：温度39℃，过去属平措法王护法所有，现今为卡乌村青章所有，交通条件为简易乡间路（图2.23）。

水化学成分：2007年10月考察时取样测试（表2.24）。

表2.24　XZQ022卡乌温泉化学成分　　　　（单位：mg/L）

$T_S/℃$	pH	TDS	Na^+	K^+	Ca^{2+}	Mg^{2+}
39	7.1	2610.74	533	60.42	19.1	2.22
Li	Rb	Cs	NH_4^+	CO_3^{2-}	HCO_3^-	SO_4^{2-}
14.56	nd.	nd.	7	nd.	748.75	20.69
Cl^-	F^-	CO_2	SiO_2	HBO_2	As	化学类型
562.42	8.3	na.	184.2	449.73	0.01	$Cl \cdot HCO_3-Na$

图2.23　卡乌温泉（XZQ022）

图2.24　卡乌温泉（XZQ023）

XZQ023 卡乌温泉

位置： 日喀则市萨迦县卡乌村，海拔4627m。

概况： 温度89.2℃。整个泉口为钙华沉积物，还可见有泉胶砂砾（图2.24）。

水化学成分： 2007年10月考察时取样测试（表2.25）。

表2.25 XZQ023卡乌温泉化学成分 （单位：mg/L）

$T_S/℃$	pH	TDS	Na^+	K^+	Ca^{2+}	Mg^{2+}
89.2	7.8	2564.97	530.2	61.41	11.47	0.5
Li	Rb	Cs	NH_4^+	CO_3^{2-}	HCO_3^-	SO_4^{2-}
13.48	nd.	nd.	5.4	nd.	732.44	11.73
Cl^-	F^-	CO_2	SiO_2	HBO_2	As	化学类型
545	10	na.	172.09	471.14	0.02	$Cl·HCO_3–Na$

开发利用： 未开发利用，交通条件为简易乡间路。

XZQ024 卡乌温泉

位置： 日喀则市萨迦县卡乌村，海拔4632m。

概况： 温度80.7℃，无开发利用历史，交通条件为简易乡间路（图2.25）。

水化学成分： 2007年10月考察时取样测试（表2.26）。

图2.25 卡乌温泉（XZQ024）

表2.26 XZQ024卡乌温泉化学成分 （单位：mg/L）

$T_S/℃$	pH	TDS	Na^+	K^+	Ca^{2+}	Mg^{2+}
80.7	7.8	2661.95	540	65.85	7.72	0.49
Li	Rb	Cs	NH_4^+	CO_3^{2-}	HCO_3^-	SO_4^{2-}
15.38	nd.	nd.	6.5	nd.	748.75	14.6
Cl^-	F^-	CO_2	SiO_2	HBO_2	As	化学类型
579.39	8.5	na.	186.89	475.43	0.02	$Cl·HCO_3–Na$

XZQ025 卡乌温泉

位置： 日喀则市萨迦县卡乌村，海拔4616m。

概况： 温度102℃，泉口为钙华沉积物。

水化学成分： 2007年10月考察时取样测试（表2.27）。

表2.27 XZQ025卡乌温泉化学成分 （单位：mg/L）

T_S/℃	pH	TDS	Na^+	K^+	Ca^{2+}	Mg^{2+}
102	8.8	2180.81	496.28	55.42	3.28	1.49
Li	Rb	Cs	NH_4^+	CO_3^{2-}	HCO_3^-	SO_4^{2-}
12.42	nd.	nd.	4.8	nd.	419.63	11.72
Cl^-	F^-	CO_2	SiO_2	HBO_2	As	化学类型
520	8	na.	126.2	402.61	0.02	$Cl·HCO_3-Na$

开发利用： 未开发利用，交通条件为简易乡间路。

图2.26 卡乌温泉（XZQ026）

XZQ026 卡乌温泉

位置： 西藏日喀则市萨迦县卡乌，海拔4630m。

概况： 泉口温度74.5℃，泉口沉积物为钙华（图2.26），流量 6.58m³/h。

水化学成分： 2008年9月考察时取样测试（表2.28）。

表2.28 XZQ026卡乌温泉化学成分 （单位：mg/L）

T_S/℃	pH	TDS	Na^+	K^+	Ca^{2+}	Mg^{2+}
74.5	8.21	2738.1	579.8	84.74	11.55	2.5
Li	Rb	Cs	NH_4^+	CO_3^{2-}	HCO_3^-	SO_4^{2-}
12.44	nd.	nd.	10.8	4.88	729.23	32.62
Cl^-	F^-	CO_2	SiO_2	HBO_2	As	化学类型
626.05	8	na.	181.34	454.01	0.086	$Cl·HCO_3-Na$

开发利用：泉水用途为自然景观，交通条件良好。

XZQ027 卡乌温泉

位置： 西藏日喀则市萨迦县卡乌，海拔4628m。

概况： 泉口温度77.8℃，泉口沉积物为钙华（图2.27），流量20.23m³/h。

水化学成分： 2008年9月考察时取样测试（表2.29）。

表2.29　XZQ027卡乌温泉化学成分　　　　（单位：mg/L）

T_S/℃	pH	TDS	Na⁺	K⁺	Ca²⁺	Mg²⁺
77.8	8.38	2512.77	562.3	78.4	4.12	2.25
Li	Rb	Cs	NH_4^+	CO_3^{2-}	HCO_3^-	SO_4^{2-}
12.48	na.	nd.	6	142.71	396.86	28.67
Cl⁻	F⁻	CO_2	SiO_2	HBO_2	As	化学类型
630.27	8.7	na.	178	461.75	0.106	Cl-Na

开发利用： 泉水用途为自然景观，交通条件良好。

图2.27　卡乌温泉（XZQ027）

图2.28　卡乌温泉（XZQ028）

XZQ028 卡乌温泉

位置： 西藏日喀则市萨迦县卡乌，海拔4630m。

概况： 泉口温度74.4℃，泉口沉积物为钙华，流量0.505m³/h（图2.28）。

水化学成分： 2008年9月考察时取样测试（表2.30）。

表2.30　XZQ028卡乌温泉化学成分　　　　　　（单位：mg/L）

$T_s/℃$	pH	TDS	Na^+	K^+	Ca^{2+}	Mg^{2+}
74.4	8.4	2524.01	582.38	75.5	3.3	2.5
Li	Rb	Cs	NH_4^+	CO_3^{2-}	HCO_3^-	SO_4^{2-}
12.1	nd.	nd.	6.8	95.14	483.67	35.59
Cl^-	F^-	CO_2	SiO_2	HBO_2	As	化学类型
610.58	10.5	na.	174.96	430.78	0.097	Cl-Na

开发利用：泉水用途为自然景观，交通条件良好。

XZQ029 卡乌温泉

位置：西藏日喀则市萨迦县卡乌，海拔4633m。

概况：泉口温度80.2℃，泉口沉积物为钙华，流量1.636m³/h（图2.29）。

水化学成分：2008年9月考察时取样测试（表2.31）。

表2.31　XZQ029卡乌温泉化学成分　　　　　　（单位：mg/L）

$T_s/℃$	pH	TDS	Na^+	K^+	Ca^{2+}	Mg^{2+}
80.2	9.09	2394.47	585.4	80.16	3.3	2.5
Li	Rb	Cs	NH_4^+	CO_3^{2-}	HCO_3^-	SO_4^{2-}
12.1	nd.	nd.	5.6	265.9	141.38	31.63
Cl^-	F^-	CO_2	SiO_2	HBO_2	As	化学类型
637.35	11.5	na.	173.76	443.45	0.121	$Cl·CO_3$-Na

开发利用：泉水用途为自然景观，交通条件良好。

图2.29　卡乌温泉（XZQ029）

图2.30　波罗温泉

XZQ030 波罗温泉

位置：西藏日喀则市萨迦县卡乌，海拔4617m。

概况：泉口温度60.4℃，流量1.636m³/h。

水化学成分：2008年9月考察时取样测试（表2.32）。

表2.32　XZQ030波罗温泉化学成分　　（单位：mg/L）

T_s/℃	pH	TDS	Na$^+$	K$^+$	Ca^{2+}	Mg^{2+}
60.4	8.22	2542.74	538.99	77.16	23.92	5.75
Li	Rb	Cs	NH$_4^+$	CO$_3^{2-}$	HCO$_3^-$	SO$_4^{2-}$
11.38	nd.	nd.	9.8	18.3	632.49	82.05
Cl$^-$	F$^-$	CO$_2$	SiO$_2$	HBO$_2$	As	化学类型
581.03	9	na.	144.24	408.25	0.11	Cl·HCO$_3$-Na

开发利用：温泉洗浴池，共有洗浴池三个（建于2005年，每年春、冬季节洗浴人数较多，500～600人次/a，平均收入2万元左右），交通条件良好（图2.30）。

XZQ031 卡乌温泉

位置：日喀则市萨迦县卡乌村，海拔4616m。

概况：温度75.2℃，台地上以硅华为主，钙华较少，泉口沉积物为硅华，只是自然景观，有小型洗浴（图2.31）。流量16L/s，交通条件良好。

水化学成分：2009年4月考察时取样测试（表2.33）。

图2.31　卡乌温泉（XZQ031）

表2.33　XZQ031卡乌温泉化学成分　　（单位：mg/L）

T_s/℃	pH	TDS	Na$^+$	K$^+$	Ca^{2+}	Mg^{2+}
75.2	8.4	2609.96	598.2	82.76	3.23	6.85
Li	Rb	Cs	NH$_4^+$	CO$_3^{2-}$	HCO$_3^-$	SO$_4^{2-}$
14.21	nd.	nd.	4.8	153.21	413.27	40.59
Cl$^-$	F$^-$	CO$_2$	SiO$_2$	HBO$_2$	As	化学类型
639.84	10	na.	171.16	471.79	0.06	Cl-Na

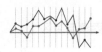

XZQ032 锡钦温泉

位置： 日喀则市拉孜县锡钦乡，海拔4006m。

概况： 温度56.7℃。泉口处在雅鲁藏布江一级支流第四纪冲洪积砂砾石层中，东距拉孜县城约10km，在G318国道北1km处。泉口有钙华沉积物。

水化学成分： 2007年10月考察时取样测试（表2.34）。

表2.34　XZQ032锡钦温泉化学成分　　　（单位：mg/L）

T_S/℃	pH	TDS	Na$^+$	K$^+$	Ca^{2+}	Mg^{2+}
56.7	7.7	359.65	43	5.53	31.7	2.46
Li	Rb	Cs	NH$_4^+$	CO$_3^{2-}$	HCO$_3^-$	SO$_4^{2-}$
0.053	nd.	nd.	0.14	nd.	215.69	11.39
Cl$^-$	F$^-$	CO$_2$	SiO$_2$	HBO$_2$	As	化学类型
1.39	0.3	na.	42.47	5.14	<0.01	HCO$_3$-Na·Ca

开发利用： 于2006年扩大开发利用建设规模，建有中大池约200m^2，中池约100m^2，小房间七间。现今为锡钦乡温泉度假村，结合藏医学而成为远近闻名医治骨折的名泉（图2.32）。

图2.32　锡钦温泉

图2.33　金嘎温泉

XZQ033 金嘎温泉

位置： 日喀则市江孜县金嘎乡，海拔4298m。

概况： 温度53.6℃。

水化学成分：2007年11月考察时取样测试（表2.35）

表2.35　XZQ033金嘎温泉化学成分　　　　　（单位：mg/L）

$T_S/℃$	pH	TDS	Na^+	K^+	Ca^{2+}	Mg^{2+}
53.6	7.4	3355.52	627.04	102.06	132.78	16.4
Li	Rb	Cs	NH_4^+	CO_3^{2-}	HCO_3^-	SO_4^{2-}
16.81	nd.	nd.	14	nd.	839.25	7.97
Cl^-	F^-	CO_2	SiO_2	HBO_2	As	化学类型
960	0.88	na.	38.89	599.64	0.01	$Cl·HCO_3-Na$

开发利用：由私人从乡里承包修建洗浴和游泳池，交通条件为简易乡间路（图2.33）。

XZQ034 龙中温泉（代表10个温泉）

位置：日喀则市岗巴县龙中乡果子村，海拔4506m。

概况：温度76.4℃。

水化学成分：2007年11月考察时取样测试（表2.36）。

图2.34　龙中温泉

表2.36　XZQ034龙中温泉化学成分　　　　　（单位：mg/L）

$T_S/℃$	pH	TDS	Na^+	K^+	Ca^{2+}	Mg^{2+}
76.4	7.98	1908.97	466.7	21.25	9.02	0.5
Li	Rb	Cs	NH_4^+	CO_3^{2-}	HCO_3^-	SO_4^{2-}
2.7	nd.	nd.	2.5	nd.	1055.42	94.21
Cl^-	F^-	CO_2	SiO_2	HBO_2	As	化学类型
71.79	3.3	na.	134.97	46.26	0.01	HCO_3-Na

开发利用：由岗巴县政府开发，但并未经营（附近大小泉口有十个），交通条件为简易乡间路（图2.34）。

XZQ035 孔玛温泉(代表5个温泉)

位置：日喀则市岗巴县孔玛乡，海拔4691m。

概况：温度56.8℃，地层属第四系。

水化学成分：2007年11月考察时取样测试（表2.37）。

表2.37　XZQ035孔玛温泉化学成分　　　　（单位：mg/L）

T_s/℃	pH	TDS	Na⁺	K⁺	Ca²⁺	Mg²⁺
56.8	7.2	3255.27	515	89.88	24.59	29.33
Li	Rb	Cs	NH_4^+	CO_3^{2-}	HCO_3^-	SO_4^{2-}
14.5	nd.	nd.	12.50	nd.	371.31	73.42
Cl⁻	F⁻	CO_2	SiO_2	HBO_2	As	化学类型
836	7.6	na.	147.96	1130.74	0.01	Cl–Na

开发利用：由民间自建浴池，基本无开发利用，交通条件为简易乡间路（图2.35）。

图 2.35　孔玛温泉（XZQ035）

图 2.36　孔玛温泉（XZQ036）

XZQ036 孔玛温泉

位置：日喀则市岗巴县孔玛乡，海拔4703m。

概况：温度91.8℃，地层属第四系，此区附近较大温泉有四处，小温泉较多，交通条件为简易乡间路（图2.36）。

水化学成分：2007年11月考察时取样测试（表2.38）。

表2.38　XZQ036孔玛温泉化学成分　　　　　（单位：mg/L）

$T_S/℃$	pH	TDS	Na^+	K^+	Ca^{2+}	Mg^{2+}
91.8	7.68	3244.81	523.54	87.25	18.03	30.32
Li	Rb	Cs	NH_4^+	CO_3^{2-}	HCO_3^-	SO_4^{2-}
14.95	nd.	nd.	12.5	na.	356.05	78.95
Cl^-	F^-	CO_2	SiO_2	HBO_2	As	化学类型
828.50	7.4	na.	151.87	1135.02	0.01	Cl-Na

开发利用：未开发利用。

XZQ037 康布温泉（代表12个温泉）

位置：日喀则市亚东县康布堆，海拔4261m。

概况：温度54.1℃，地层属古近系、新近系，泉口沉积物为岩石，交通条件为简易乡间路（图2.37）。

水化学成分：2007年11月考察时取样测试（表2.39）。

表2.39　XZQ037康布温泉化学成分　　　　　（单位：mg/L）

$T_S/℃$	pH	TDS	Na^+	K^+	Ca^{2+}	Mg^{2+}
54.1	7.68	3244.81	523.54	87.25	18.03	30.32
Li	Rb	Cs	NH_4^+	CO_3^{2-}	HCO_3^-	SO_4^{2-}
14.95	nd.	nd.	12.5	na.	356.05	78.95
Cl^-	F^-	CO_2	SiO_2	HBO_2	As	化学类型
828.5	7.4	na.	151.87	1135.02	0.01	Cl-Na

开发利用：用水泥造窖后，用水管引入边防站，附近有大小12处泉口，也建有浴池，大小不一，年接待一万人左右。

图 2.37　康布温泉

XZQ038 塔格架温泉（代表21个温泉）

位置： 日喀则市昂仁县塔格架，海拔5085m。

概况： 温度82.4℃，流量30L/s，为沸喷泉，地层属白垩系，该泉出露于河流右岸的泉华台地上，泉华以钙华为主，但也可见硅华。交通条件良好，位于国道G219的北边，沿S206省道向北行25km左右即可到达（图2.38）。

水化学成分： 2008年5月考察时取样测试（表2.40）。

表2.40　XZQ038 塔格架温泉化学成分　　　（单位：mg/L）

$T_S/℃$	pH	TDS	Na^+	K^+	Ca^{2+}	Mg^{2+}
82.4	8.91	1703	321.8	46	nd.	10.75
Li	Rb	Cs	NH_4^+	CO_3^{2-}	HCO_3^-	SO_4^{2-}
4.22	nd.	nd.	0.2	192.8	233.3	72.5
Cl^-	F^-	CO_2	SiO_2	HBO_2	As	化学类型
158.6	4	na.	49.48	271.11	13.792	$CO_3·Cl-Na$

开发利用： 未开发利用，仅为自然景观。

图2.38　塔格架温泉（XZQ038）

图2.39　塔格架间歇斜喷泉（XZQ039）

XZQ039 塔格架间歇斜喷泉

位置： 日喀则市昂仁县塔格架。

概况： 该泉出露于河流右岸的斜坡上，泉口由三个呈三角形状发布、直径约20cm的喷口组成。为间歇喷泉，间歇期约为25小时，喷发期为30分钟。激喷时以45°喷向河对岸，喷高可达20m，带着轰鸣声颇为壮观。喷发即将结束时测得喷口温度为83℃，泉华为钙华，但也可见硅华（图2.39）。交通条件良好，位于国道G219的北边，沿S206省道向北行25km左右即可到达。

开发利用：未开发利用，仅为自然景观。

XZQ040 塔格架温泉

位置： 日喀则市昂仁县塔格架，海拔5068m。

概况： 温度81℃，地层属白垩系，泉口沉积物为钙华。交通条件良好。在国道G219与G206交界以北25km左右（图2.40）。

水化学成分： 2008年5月考察时取样测试（表2.41）。

图2.40 塔格架温泉（XZQ040）

表2.41 XZQ040塔格架温泉化学成分 （单位：mg/L）

T_s/℃	pH	TDS	Na^+	K^+	Ca^{2+}	Mg^{2+}
81	8.4	1612	299.1	43.88	nd.	14.26
Li	Rb	Cs	NH_4^+	CO_3^{2-}	HCO_3^-	SO_4^{2-}
na.	nd.	nd.	0.2	64.28	486.8	65
Cl^-	F^-	CO_2	SiO_2	HBO_2	As	化学类型
152.16	4	na.	49.48	287.4	15.044	$HCO_3 \cdot Cl-Na$

开发利用：未开发利用，仅为自然景观。

XZQ041 塔格架温泉

位置： 日喀则市昂仁县塔格架，海拔5085m。

概况： 温度79.7℃，地层属白垩系，泉口沉积物为钙华。交通条件良好。在国道G219与G206交界以北25km左右。

水化学成分： 2008年5月考察时取样测试（表2.42）。

表2.42 XZQ041塔格架温泉化学成分 （单位：mg/L）

T_s/℃	pH	TDS	Na^+	K^+	Ca^{2+}	Mg^{2+}
79.7	8.44	1612	334.6	44.5	nd.	8.41
Li	Rb	Cs	NH_4^+	CO_3^{2-}	HCO_3^-	SO_4^{2-}
nd.	nd.	nd.	0.2	72.04	467.6	67.5
Cl^-	F^-	CO_2	SiO_2	HBO_2	As	化学类型
152.2	4	na.	292.12	na.	15.86	$HCO_3 \cdot Cl-Na$

开发利用：未开发利用，仅为自然景观。

XZQ042 塔格架温泉

位置： 日喀则市昂仁县塔格架，海拔5072m。

概况： 温度76℃，地层属第四系，泉华以硅华为主，钙华较少。流量2.5L/s，交通条件良好（图2.41）。

水化学成分： 2009年4月考察时取样测试（表2.43）。

表2.43　XZQ042塔格架温泉化学成分　　　　（单位：mg/L）

T_S/℃	pH	TDS	Na^+	K^+	Ca^{2+}	Mg^{2+}
76	9.01	2011.64	420	39.98	4.84	5.87
Li	Rb	Cs	NH_4^+	CO_3^{2-}	HCO_3^-	SO_4^{2-}
4.95	nd.	nd.	0.32	278.57	154.5	119.83
Cl^-	F^-	CO_2	SiO_2	HBO_2	As	化学类型
186.44	27.2	na.	375.34	390.7	6.34	$CO_3 \cdot Cl-Na$

开发利用： 只是景观，无开发利用。

图2.41　塔格架温泉（XZQ042）

图2.42　塔格架温泉（XZQ043）

XZQ043 塔格架温泉

位置： 日喀则市昂仁县塔格架，海拔5073m。

概况： 温度79℃，地层属第四系，台地以硅华为主，钙华较少。流量2.0L/s，交通条件良好（图2.42）。

水化学成分： 2009年4月考察时取样测试（表2.44）。

表2.44　XZQ043塔格架温泉化学成分　　　　　（单位：mg/L）

T_s/℃	pH	TDS	Na⁺	K⁺	Ca²⁺	Mg²⁺
79	8.75	2051.07	385	40.1	3.23	5.87
Li	Rb	Cs	NH₄⁺	CO₃²⁻	HCO₃⁻	SO₄²⁻
4.64	nd.	nd.	5.87	207.66	279.38	119.83
Cl⁻	F⁻	CO₂	SiO₂	HBO₂	As	化学类型
153.96	26	na.	386.54	436.54	6	CO₃-Na

开发利用：只是景观，无开发利用。

XZQ044 塔格架温泉

位置：日喀则市昂仁县塔格架，海拔5077m。

概况：温度73℃，地层属第四系，台地以硅华为主，钙华较少，泉口沉积物为硅华。流量1.5L/s，交通条件良好。

水化学成分：2009年4月考察时取样测试（表2.45）。

表2.45　XZQ044塔格架温泉化学成分　　　　　（单位：mg/L）

T_s/℃	pH	TDS	Na⁺	K⁺	Ca²⁺	Mg²⁺
73	8.93	1634.01	364.8	39.9	4.84	4.89
Li	Rb	Cs	NH₄⁺	CO₃²⁻	HCO₃⁻	SO₄²⁻
4	nd.	nd.	4.89	255.77	163.51	80.75
Cl⁻	F⁻	CO₂	SiO₂	HBO₂	As	化学类型
153.25	23.20	na.	143.32	392.62	5.83	CO₃-Na

开发利用：只是自然景观，无开发利用。

XZQ045 塔格架温泉

位置：日喀则市昂仁县塔格架，海拔5068m。

概况：温度90℃，台地以硅华为主，大面积分布（图2.43）。

水化学成分：2009年4月考察时取样测试（表2.46）。

表2.46　XZQ045 塔格架温泉化学成分　　　　（单位：mg/L）

$T_s/℃$	pH	TDS	Na^+	K^+	Ca^{2+}	Mg^{2+}
90	8.82	1914.83	378.8	37.2	4.84	5.87
Li	Rb	Cs	NH_4^+	CO_3^{2-}	HCO_3^-	SO_4^{2-}
4.22	nd.	nd.	0.3	238.05	226.59	99.9
Cl^-	F^-	CO_2	SiO_2	HBO_2	As	化学类型
153.96	25.6	na.	340.44	398.08	6.72	CO_3-Na

开发利用：只是自然景观，无开发利用，交通条件良好。

图 2.43　塔格架温泉（XZQ045）

XZQ046 塔格架温泉

位置：日喀则市昂仁县塔格架，海拔5077m。

概况：温度79.2℃，地层属第四系，台地以硅华为主，泉口沉积物为硅华。

水化学成分：2009年4月考察时取样测试（表2.47）。

表2.47　XZQ046塔格架温泉化学成分　　　　（单位：mg/L）

$T_s/℃$	pH	TDS	Na^+	K^+	Ca^{2+}	Mg^{2+}
79.2	8.5	1967.36	400.82	34.4	3.23	4.89
Li	Rb	Cs	NH_4^+	CO_3^{2-}	HCO_3^-	SO_4^{2-}
4.10	nd.	nd.	0.24	202.59	285.82	102.43
Cl^-	F^-	CO_2	SiO_2	HBO_2	As	化学类型
158.19	26	na.	330.5	412.82	5.92	CO_3-Na

开发利用：只是自然景观，无开发利用，交通条件良好。

XZQ047 塔格架温泉

位置：日喀则市昂仁县塔格架，海拔5072m。

概况：温度76.3℃，地层属第四系，台地以硅华为主，泉口沉积物为硅华。流量0.9L/s，交通条件良好。

水化学成分：2009年4月考察时取样测试（表2.48）。

表2.48　XZQ047塔格架温泉化学成分　　　（单位：mg/L）

$T_S/℃$	pH	TDS	Na^+	K^+	Ca^{2+}	Mg^{2+}
76.3	8.28	1641.29	334.62	33	4.84	4.89
Li	Rb	Cs	NH_4^+	CO_3^{2-}	HCO_3^-	SO_4^{2-}
3.95	nd.	nd.	0.28	138.02	354.05	102.32
Cl^-	F^-	CO_2	SiO_2	HBO_2	As	化学类型
137.01	17.6	na.	220.16	287.5	5.26	$HCO_3·CO_3-Na$

开发利用：只是自然景观，无开发利用。

XZQ048 塔格架温泉

位置：日喀则市昂仁县塔格架，海拔5069m。

概况：温度82.4℃，地层属第四系，台地以硅华为主，泉口沉积物为硅华。流量1.1L/s，交通条件良好。

水化学成分：2009年4月考察时取样测试（表2.49）。

表2.49　XZQ048塔格架温泉化学成分　　　（单位：mg/L）

$T_S/℃$	pH	TDS	Na^+	K^+	Ca^{2+}	Mg^{2+}
82.4	8.3	1886.3	360.1	32.6	6.45	4.4
Li	Rb	Cs	NH_4^+	CO_3^{2-}	HCO_3^-	SO_4^{2-}
3.98	nd.	nd.	0.28	139.28	383.66	98.5
Cl^-	F^-	CO_2	SiO_2	HBO_2	As	化学类型
148.31	22.4	na.	287.32	398.08	5.79	$HCO_3·CO_3-Na$

开发利用：只是自然景观，无开发利用。

XZQ049 塔格架温泉

位置：日喀则市昂仁县塔格架，海拔5068m。

概况：温度74℃，地层属第四系，台地以硅华为主，泉口沉积物为硅华。流量2.0L/s，交通条件良好。

水化学成分：2009年4月考察时取样测试（表2.50）。

表2.50　XZQ049塔格架温泉化学成分　　　　（单位：mg/L）

T_s/℃	pH	TDS	Na^+	K^+	Ca^{2+}	Mg^{2+}
74	8.28	1937.38	385.2	35.38	3.23	7.82
Li	Rb	Cs	NH_4^+	CO_3^{2-}	HCO_3^-	SO_4^{2-}
4.36	nd.	nd.	0.28	50.65	620.56	108.23
Cl^-	F^-	CO_2	SiO_2	HBO_2	As	化学类型
158.19	22.8	na.	125.21	414.29	6.21	HCO_3-Na

开发利用：只是自然景观，无开发利用。

XZQ050 塔格架温泉

位置：日喀则市昂仁县塔格架，海拔5066m。

概况：温度81℃，地层属第四系，台地以硅华为主，泉口沉积物为硅华。流量1.8L/s，交通条件良好。

水化学成分：2009年4月考察时取样测试（表2.51）。

表2.51　XZQ050塔格架温泉化学成分　　　　（单位：mg/L）

T_s/℃	pH	TDS	Na^+	K^+	Ca^{2+}	Mg^{2+}
81	8.22	2036.22	370.02	35.4	3.23	7.82
Li	Rb	Cs	NH_4^+	CO_3^{2-}	HCO_3^-	SO_4^{2-}
4.05	nd.	nd.	0.24	101.3	463.49	96.64
Cl^-	F^-	CO_2	SiO_2	HBO_2	As	化学类型
151.13	23.2	na.	365.66	412.82	6.22	HCO_3-Na

开发利用：只是自然景观，无开发利用。

XZQ051 塔格架温泉

位置：日喀则市昂仁县塔格架，海拔5074m。

概况：温度77℃，地层属第四系，泉口沉积物为硅华。流量2.1L/s，交通条件良好（图2.44）。

水化学成分：2009年4月考察时取样测试（表2.52）。

图2.44　塔格架温泉（XZQ051）

表2.52　XZQ051塔格架温泉化学成分　　　　（单位：mg/L）

T_s/℃	pH	TDS	Na$^+$	K$^+$	Ca^{2+}	Mg^{2+}
77	8.41	2027.94	377.8	36.1	4.84	5.87
Li	Rb	Cs	NH$_4^+$	CO$_3^{2-}$	HCO$_3^-$	SO$_4^{2-}$
4.12	nd.	nd.	0.24	126.62	435.16	110.17
Cl$^-$	F$^-$	CO$_2$	SiO$_2$	HBO$_2$	As	化学类型
152.54	23.6	na.	344.58	405.45	5.22	HCO$_3$-Na

开发利用：只是自然景观，无开发利用。

XZQ052 塔格架温泉

位置：日喀则市昂仁县塔格架，海拔5070m。

概况：温度80.1℃，地层属第四系，台地以硅华为主，钙华较少，泉口沉积物为硅华。流量3.5L/s，交通条件良好。

水化学成分：2009年4月考察时取样测试（表2.53）。

表2.53　XZQ052塔格架温泉化学成分　　　　（单位：mg/L）

T_s/℃	pH	TDS	Na$^+$	K$^+$	Ca^{2+}	Mg^{2+}
80.1	8.92	1960.92	389.5	35.92	4.84	4.89
Li	Rb	Cs	NH$_4^+$	CO$_3^{2-}$	HCO$_3^-$	SO$_4^{2-}$
4.39	nd.	nd.	0.24	253.24	207.28	97.4

Cl⁻	F⁻	CO_2	SiO_2	HBO_2	As	化学类型
158.19	24.80	na.	365.38	412.82	5.9	CO_3-Na

开发利用：只是自然景观，无开发利用。

XZQ053 塔格架温泉

位置：日喀则市昂仁县塔格架，海拔5067m。

概况：温度84℃，地层属第四系，台地以硅华为主，钙华较少，泉口沉积物为硅华。流量2.3L/s，交通条件良好。

水化学成分：2009年4月考察时取样测试（表2.54）。

表2.54　XZQ053塔格架温泉化学成分 （单位：mg/L）

T_s/℃	pH	TDS	Na⁺	K⁺	Ca^{2+}	Mg^{2+}
84	8.33	1960.9	366.74	35.98	3.23	6.85
Li	Rb	Cs	NH_4^+	CO_3^{2-}	HCO_3^-	SO_4^{2-}
4.08	nd.	nd.	nd.	93.7	481.51	98.57
Cl⁻	F⁻	CO_2	SiO_2	HBO_2	As	化学类型
156.78	21.2	na.	291.28	398.08	6	HCO_3-Na

开发利用：只是自然景观，无开发利用。

XZQ054 塔格架温泉

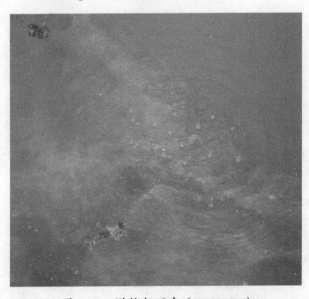

位置：日喀则市昂仁县塔格架，海拔5078m。

概况：温度83.2℃，地层属第四系，台地以硅华为主，钙华较少，泉口沉积物为硅华。流量0.5L/s，交通条件良好（图2.45）。

水化学成分：2009年4月考察时取样测试（表2.55）。

图2.45　塔格架温泉（XZQ054）

表2.55　XZQ054塔格架温泉化学成分　　　　（单位：mg/L）

T_s/℃	pH	TDS	Na$^+$	K$^+$	Ca^{2+}	Mg^{2+}
83.2	9.64	2037.17	389.56	36.4	3.23	6.85
Li	Rb	Cs	NH$_4^+$	CO$_3^{2-}$	HCO$_3^-$	SO$_4^{2-}$
4.19	nd.	nd.	0.18	159.54	383.66	108.23
Cl$^-$	F$^-$	CO$_2$	SiO$_2$	HBO$_2$	As	化学类型
148.31	22	na.	353.8	419.08	4.12	HCO$_3$–Na

开发利用：只是自然景观，无开发利用。

XZQ055 塔格架温泉

位置：日喀则市昂仁县塔格架热泉，海拔5077m。

概况：温度78.4℃，地层属第四系，台地以硅华为主，钙华较少，泉口沉积物为硅华。流量0.01L/s，交通条件良好。

水化学成分：2009年4月考察时取样测试（表2.56）。

表2.56　XZQ055塔格架温泉化学成分　　　　（单位：mg/L）

T_s/℃	pH	TDS	Na$^+$	K$^+$	Ca^{2+}	Mg^{2+}
83.2	9.64	1735.52	379.76	31.6	1.61	7.82
Li	Rb	Cs	NH$_4^+$	CO$_3^{2-}$	HCO$_3^-$	SO$_4^{2-}$
4.1	nd.	nd.	0.18	148.15	373.36	98.57
Cl$^-$	F$^-$	CO$_2$	SiO$_2$	HBO$_2$	As	化学类型
152.54	22.4	na.	123.06	390.7	6.25	HCO$_3$·CO$_3$–Na

开发利用：只是自然景观，无开发利用。

XZQ056 塔格架温泉

位置：日喀则市昂仁县塔格架，海拔5076m。

概况：温度83℃，地层属第四系，台地以硅华为主，钙华较少，泉口沉积物为硅华。流量0.2L/s，交通条件良好。

水化学成分：2009年4月考察时取样测试（表2.57）。

表2.57　XZQ056塔格架温泉化学成分　　　　（单位：mg/L）

T_s/℃	pH	TDS	Na$^+$	K$^+$	Ca^{2+}	Mg^{2+}
83	8.73	2040.56	386.42	33.8	1.61	5.86

Li	Rb	Cs	NH$_4^+$	CO$_3^{2-}$	HCO$_3^-$	SO$_4^{2-}$
4.29	nd.	nd.	0.18	160.81	373.66	112.1
Cl$^-$	F$^-$	CO$_2$	SiO$_2$	HBO$_2$	As	化学类型
155.37	23.2	na.	376.36	405.45	5.25	HCO$_3$·CO$_3$-Na

开发利用：只是自然景观，无开发利用。

XZQ057 塔格架温泉

位置：日喀则市昂仁县塔格架，海拔5086m。

概况：温度80℃，地层属第四系，台地以硅华为主，钙华较少，泉口沉积物为硅华。流量0.3L/s，交通条件良好。

水化学成分：2009年4月考察时取样测试（表2.58）。

表2.58　XZQ057塔格架温泉化学成分　　（单位：mg/L）

T_S/℃	pH	TDS	Na$^+$	K$^+$	Ca^{2+}	Mg^{2+}
80	8.49	2031.91	397.8	35.2	1.61	6.85
Li	Rb	Cs	NH$_4^+$	CO$_3^{2-}$	HCO$_3^-$	SO$_4^{2-}$
4.41	nd.	nd.	0.2	159.54	368.21	112.1
Cl$^-$	F$^-$	CO$_2$	SiO$_2$	HBO$_2$	As	化学类型
158.19	22.8	na.	40.08	420.19	4.98	HCO$_3$·CO$_3$-Na

开发利用：只是自然景观，无开发利用。

XZQ058 塔格架温泉

位置：日喀则市昂仁县塔格架，海拔5079m。

概况：温度79.2℃，地层属第四系，台地以硅华为主，钙华较少，泉口沉积物为硅华。

水化学成分：2009年4月考察时取样测试（表2.59）。

表2.59　XZQ058塔格架温泉化学成分　　（单位：mg/L）

T_S/℃	pH	TDS	Na$^+$	K$^+$	Ca^{2+}	Mg^{2+}
79.2	8.92	1746.05	382.41	34.4	1.61	5.87
Li	Rb	Cs	NH$_4^+$	CO$_3^{2-}$	HCO$_3^-$	SO$_4^{2-}$
na.	nd.	nd.	0.22	221.59	248.48	108.9
Cl$^-$	F$^-$	CO$_2$	SiO$_2$	HBO$_2$	As	化学类型
155.37	24	na.	137.43	420.19	6.2	CO$_3$-Na

开发利用：只是自然景观，无开发利用，交通条件良好。

XZQ059 热龙温泉（代表2个温泉）

位置：日喀则市昂仁县热龙，海拔4385m。

概况：温度45.3℃，流量1.0L/s，泉口附近岩性为花岗岩，泉口沉积物为钙华。交通条件良好，位于国道G219公路旁，距昂仁县城10km左右（图2.46）。

水化学成分：2008年5月考察时取样测试（表2.60）。

图2.46　热龙温泉（XZQ059）

表2.60　XZQ059热龙温泉化学成分　　　　　（单位：mg/L）

$T_S/℃$	pH	TDS	Na^+	K^+	Ca^{2+}	Mg^{2+}
45.3	8.79	334.5	89.46	3.03	0.77	7.95
Li	Rb	Cs	NH_4^+	CO_3^{2-}	HCO_3^-	SO_4^{2-}
na.	nd.	nd.	1.6	37.13	196.6	15
Cl^-	F^-	CO_2	SiO_2	HBO_2	As	化学类型
3.24	3	na.	73.74	na.	<0.01	$HCO_3·Cl-Na$

开发利用：建有六间洗浴房，对关节炎有一定疗效，每年前来医疗保健洗浴的约有600人次。

图2.47　热龙温泉（XZQ060）

XZQ060 热龙温泉

位置：日喀则市昂仁县热龙，海拔4376m。

概况：温度39.5℃，地层属花岗岩（γ_6），流量1.0L/s，泉口附近出露地层岩性为花岗岩，泉口沉积物为钙华，交通条件良好，位于国道219公路旁，距昂仁县10km左右（图2.47）。

水化学成分：2008年5月考察时取样测试（表2.61）。

表2.61 XZQ060热龙温泉化学成分　　　　　　　（单位：mg/L）

T_S/℃	pH	TDS	Na⁺	K⁺	Ca²⁺	Mg²⁺
39.5	8.81	328	89.91	2.96	3.08	9.82
Li	Rb	Cs	NH₄⁺	CO₃²⁻	HCO₃⁻	SO₄²⁻
na.	nd.	nd.	1.6	34.36	205.6	10
Cl⁻	F⁻	CO₂	SiO₂	HBO₂	As	化学类型
8.9	4	na.	72.53	na.	<0.01	HCO₃-Na

XZQ061 曲开龙温泉（代表2个温泉）

位置：西藏日喀则市昂仁县曲开龙，海拔4180m。

概况：泉口温度73.5℃，地层属第四系，泉口沉积物为硅华、钙华，流量30.71m³/h。交通条件良好，从县城有乡村小路。

水化学成分：2008年5月考察时取样测试（表2.62）。

表2.62 XZQ061曲开龙温泉化学成分　　　　　　　（单位：mg/L）

T_S/℃	pH	TDS	Na⁺	K⁺	Ca²⁺	Mg²⁺
73.5	6.99	1604	519	28.3	62.02	9.08
Li	Rb	Cs	NH₄⁺	CO₃²⁻	HCO₃⁻	SO₄²⁻
na.	nd.	nd.	0.6	nd.	620.86	400
Cl⁻	F⁻	CO₂	SiO₂	HBO₂	As	化学类型
261.56	3.6	na.	77.6	na.	7.26	HCO₃·SO₄·Cl-Na

开发利用：开发利用现状主要为洗浴（1000人次/a，主要为当地百姓）。

XZQ062 曲开采那温泉

位置：西藏日喀则市昂仁县曲开采那，海拔4184m。

概况：泉口温度52℃，地层属第四系，泉口地质环境为雅江缝合带次生断裂构造，泉口沉积物为硅华、钙华，流量0.505m³/h。交通条件良好，从县城有乡村小路（图2.48）。

水化学成分：2008年5月考察时取样测试（表2.63）。

表2.63 XZQ062曲开采那温泉化学成分　　　　　　　（单位：mg/L）

T_S/℃	pH	TDS	Na⁺	K⁺	Ca²⁺	Mg²⁺
52	6.77	2890	919.5	91.7	66.83	8.27

Li	Rb	Cs	NH_4^+	CO_3^{2-}	HCO_3^-	SO_4^{2-}
na.	nd.	nd.	0.7	nd.	1146.55	450

Cl^-	F^-	CO_2	SiO_2	HBO_2	As	化学类型
854.43	2.4	na.	109.65	na.	12.35	$Cl \cdot HCO_3 - Na$

开发利用：开发利用现状主要为医疗、洗浴（20000人次/a）。

图2.48 曲开采那温泉

图2.49 鲁鲁温泉

XZQ063 鲁鲁温泉（代表2个温泉）

位置：西藏日喀则市定日县鲁鲁一号桥下，海拔4660m。

概况：泉口温度25.7℃，地层属第四系，流量0.289m³/h。交通条件良好，在中尼公路边上（图2.49）。

水化学成分：2008年5月考察时取样测试（表2.64）。

表2.64 XZQ063鲁鲁温泉化学成分 （单位：mg/L）

T_s/℃	pH	TDS	Na^+	K^+	Ca^{2+}	Mg^{2+}
25.7	6.98	402.25	237.95	4.8	73.78	6.16

Li	Rb	Cs	NH_4^+	CO_3^{2-}	HCO_3^-	SO_4^{2-}
na.	nd.	nd.	0.4	nd.	789.89	30

Cl^-	F^-	CO_2	SiO_2	HBO_2	As	化学类型
54.64	3	na.	60.2	na.	0.043	$HCO_3 - Na \cdot Ca$

XZQ064 鲁鲁温泉

位置：西藏日喀则市定日县鲁鲁，海拔4440m。

概况：泉口温度82℃，泉口地质环境为第四系松散砂砾层，在热泉出露区上面山上有古泉华迹象。交通条件良好，在中尼公路边上。

水化学成分：2008年5月考察时取样测试（表2.65）。

表2.65　XZQ064鲁鲁温泉化学成分　　　　　（单位：mg/L）

T_S/℃	pH	TDS	Na^+	K^+	Ca^{2+}	Mg^{2+}
82	7.48	1219	284.95	29.5	54	5.84
Li	Rb	Cs	NH_4^+	CO_3^{2-}	HCO_3^-	SO_4^{2-}
na.	nd.	nd.	1	nd.	562.33	120
Cl^-	F^-	CO_2	SiO_2	HBO_2	As	化学类型
139.5	3.6	na.	103.63	na.	0.68	HCO_3-Na

开发利用：开发利用现状目前为正在建筑中的洗浴度假村。

XZQ065 参木达温泉

位置：西藏日喀则市定日县参木达，海拔4389m。

概况：泉口温度43.9℃，泉口为断裂裂隙花岗岩，泉口沉积物为钙华。交通条件好，在中尼公路边上。

水化学成分：2008年5月考察时取样测试（表2.66）。

表2.66　XZQ065参木达温泉化学成分　　　　　（单位：mg/L）

T_S/℃	pH	TDS	Na^+	K^+	Ca^{2+}	Mg^{2+}
43.9	6.77	1397	410.48	63.5	111.47	39.39
Li	Rb	Cs	NH_4^+	CO_3^{2-}	HCO_3^-	SO_4^{2-}
na.	nd.	nd.	0.7	nd.	1529.92	10
Cl^-	F^-	CO_2	SiO_2	HBO_2	As	化学类型
24.41	3.6	na.	41.04	na.	<0.01	HCO_3-Na

开发利用：开发利用现状已建设温泉疗养度假村（2万人次/a，经济收入约40万元/a，客房15间）。

XZQ066 茶京就温泉

位置： 西藏日喀则市定日县茶京就，海拔4177m。

概况： 泉口温度46.5℃，地层属第四系，泉口为第四系河湖相沉积物，流量6.58L/s。交通条件良好，距离定日县公路8km（图2.50）。

水化学成分： 2008年5月考察时取样测试（表2.67）。

图 2.50　茶京就温泉

表2.67　XZQ066茶京就温泉化学成分　　　（单位：mg/L）

$T_S/℃$	pH	TDS	Na^+	K^+	Ca^{2+}	Mg^{2+}
46.5	7.59	386.25	108.35	6.81	21.65	1.62
Li	Rb	Cs	NH_4^+	CO_3^{2-}	HCO_3^-	SO_4^{2-}
na.	nd.	nd.	nd.	nd.	282.26	50
Cl^-	F^-	CO_2	SiO_2	HBO_2	As	化学类型
20.92	nd.	na.	66.286	na.	0.021	HCO_3-Na

开发利用： 开发利用现状建造了五栋平房作为洗浴场所，目前已废弃被风沙掩盖。

XZQ067 湖边温泉

位置： 西藏日喀地区则定结县湖边，海拔4169m。

概况： 泉口温度9.4℃，泉口为第四系河湖相沉积物，流量6.58L/S。交通条件良好，向定结县公路有乡村小道。

水化学成分：2008年5月考察时取样测试（表2.68）。

表2.68　XZQ067湖边温泉化学成分　　　　　　（单位：mg/L）

T_S/℃	pH	TDS	Na⁺	K⁺	Ca²⁺	Mg²⁺
9.4	8.05	7.5	5.47	0.22	12.56	11.51
Li	Rb	Cs	NH₄⁺	CO₃²⁻	HCO₃⁻	SO₄²⁻
na.	nd.	nd.	nd.	nd.	60.17	40
Cl⁻	F⁻	CO₂	SiO₂	HBO₂	As	化学类型
2.32	nd.	na.	19	na.	0.029	HCO₃·SO₄–Mg·Ca

开发利用：现状无开发利用。

图2.51　查布温泉（XZQ068）

XZQ068 查布温泉（代表71个温泉）

位置：西藏日喀则市谢通门县查布乡，海拔4631m。

概况：泉口温度87.3℃，泉口沉积物主要为硅华，钙华较少。此泉为间歇喷泉，间歇期约为5分钟，喷高约0.5m，流量很小（图2.51）。查布地热显示区位于县城北边，乡政府距县城约50km，有乡村公路（青曲线）可到达，乡政府距地热显示区还有约10km的山路（车可通行），因而交通条件较差。地热显示区出露于河流左岸的泉华台地上，有大小泉眼约80个，显示面积约2km²，流量有大有小，小的到无法观测。

水化学成分：2008年9月考察时取样测试（表2.69）。

表2.69　XZQ068查布温泉化学成分　　　　　　（单位：mg/L）

T_S/℃	pH	TDS	Na⁺	K⁺	Ca²⁺	Mg²⁺
87.3	8.4	1933.04	403.14	52.38	2.47	3.25
Li	Rb	Cs	NH₄⁺	CO₃²⁻	HCO₃⁻	SO₄²⁻
7.83	nd.	nd.	0.4	60.99	478.71	89.96
Cl⁻	F⁻	CO₂	SiO₂	HBO₂	As	化学类型
303.18	12	na.	309.58	208.61	1.896	Cl·HCO₃–Na

开发利用：当地百姓在流量大、温度高的泉旁建有浴室。

XZQ069 查布温泉

位置：西藏日喀则市谢通门县查布乡，海拔4732m。

概况：泉口温度87.6℃，地层属γ_6，泉口沉积物硅华，流量36.96m³/h，交通条件较差（图2.52）。

水化学成分：2008年11月考察时取样测试（表2.70）。

表2.70　XZQ069查布温泉化学成分　　　　（单位：mg/L）

T_S/℃	pH	TDS	Na⁺	K⁺	Ca²⁺	Mg²⁺
87.6	9.2	1763.37	389.92	57.03	1.65	2.5
Li	Rb	Cs	NH₄⁺	CO₃²⁻	HCO₃⁻	SO₄²⁻
8.9	nd.	nd.	0.44	209.79	176.11	90.95
Cl⁻	F⁻	CO₂	SiO₂	HBO₂	As	化学类型
286.3	12.25	na.	329.76	197.09	1.299	Cl·CO₃–Na

图 2.52　查布温泉（XZQ069）

图 2.53　查布温泉（XZQ070）

XZQ070 查布温泉

位置：西藏日喀则市谢通门查布乡，海拔4725m。

概况：泉口温度87℃，地层属γ_6，泉口沉积物硅华，流量1.636m³/h，自然景观，交通条件较差（图2.53）。

水化学成分：2008年11月考察时取样测试（表2.71）。

表2.71　XZQ070查布温泉化学成分　　　　　　（单位：mg/L）

$T_\text{S}/℃$	pH	TDS	Na$^+$	K$^+$	Ca^{2+}	Mg^{2+}
87	8.82	2218.71	391.2	48.08	1.24	4
Li	Rb	Cs	NH$_4^+$	CO$_3^{2-}$	HCO$_3^-$	SO$_4^{2-}$
7.92	nd.	nd.	0.37	90.26	410.5	97.86
Cl$^-$	F$^-$	CO$_2$	SiO$_2$	HBO$_2$	As	化学类型
287.7	12	na.	287.84	579.3	1.485	Cl·HCO$_3$–Na

XZQ071 查布温泉

位置：西藏日喀则市谢通门查布乡，查布温泉，海拔4719m。

概况：泉口温度87.3℃，地层属γ_6，泉口沉积物硅华，流量0.289m^3/h，自然景观，交通条件较差。

水化学成分：2008年11月考察时取样测试（表2.72）。

表2.72　XZQ071查布温泉化学成分　　　　　　（单位：mg/L）

$T_\text{S}/℃$	pH	TDS	Na$^+$	K$^+$	Ca^{2+}	Mg^{2+}
87.3	8.9	1593.57	378.25	44.56	1.65	4.5
Li	Rb	Cs	NH$_4^+$	CO$_3^{2-}$	HCO$_3^-$	SO$_4^{2-}$
7.38	nd.	nd.	0.54	129.29	311.29	92.92
Cl$^-$	F$^-$	CO$_2$	SiO$_2$	HBO$_2$	As	化学类型
279.97	11.5	na.	135.06	195.68	0.817	Cl·HCO$_3$–Na

XZQ072 查布温泉

位置：西藏日喀则市谢通门查布乡，海拔4733m。

概况：泉口温度87.2℃，地层属γ_6，泉口沉积物硅钙华，流量2.86m^3/h，交通条件较差。

水化学成分：2008年11月考察时取样测试（表2.73）。

表2.73　XZQ072查布温泉化学成分　　　　　　（单位：mg/L）

$T_\text{S}/℃$	pH	TDS	Na$^+$	K$^+$	Ca^{2+}	Mg^{2+}
87.2	8.42	1731.81	382.1	47.48	1.65	5.5
Li	Rb	Cs	NH$_4^+$	CO$_3^{2-}$	HCO$_3^-$	SO$_4^{2-}$
7.92	nd.	nd.	0.44	35.37	513.44	98.85
Cl$^-$	F$^-$	CO$_2$	SiO$_2$	HBO$_2$	As	化学类型
282.08	10	na.	148.82	197.09	0	HCO$_3$·Cl–Na

开发利用：当地百姓建洗浴池一个，面积2m×2.5m。

XZQ073 查布温泉

位置： 西藏日喀则市谢通门查布乡，海拔4735m。

概况： 泉口温度88.6℃，地层属γ_6，泉口沉积物硅华，流量1.172m³/h，交通条件较差。

水化学成分： 2008年11月考察时取样测试（表2.74）。

表2.74　XZQ073查布温泉化学成分　　　　（单位：mg/L）

T_S/℃	pH	TDS	Na^+	K^+	Ca^{2+}	Mg^{2+}
88.6	8.6	1648.91	371.32	46.28	1.65	3.5
Li	Rb	Cs	NH_4^+	CO_3^{2-}	HCO_3^-	SO_4^{2-}
7.98	nd.	nd.	0.56	51.23	453.91	92.92
Cl^-	F^-	CO_2	SiO_2	HBO_2	As	化学类型
277.85	11.9	na.	123.74	205.53	1.98	$Cl \cdot HCO_3-Na$

开发利用： 当地百姓建集体洗浴池一间，面积2.5m×3m。

XZQ074 查布温泉

位置： 日喀则市谢通门县查布乡，海拔4725m。

概况： 温度73℃，地层属古近系、新近系，台地以硅华为主，钙华较少，泉口沉积物为硅华。流量0.01L/S，交通条件较差（图2.54）。

水化学成分： 2009年4月考察时取样测试（表2.75）。

图2.54　查布温泉（XZQ074）

表2.75　XZQ074查布温泉化学成分　　　　（单位：mg/L）

T_S/℃	pH	TDS	Na^+	K^+	Ca^{2+}	Mg^{2+}
73	7.28	1965.78	356.78	41.6	16.13	17.61
Li	Rb	Cs	NH_4^+	CO_3^{2-}	HCO_3^-	SO_4^{2-}
7.92	nd.	nd.	0.44	nd.	643.73	96.64
Cl^-	F^-	CO_2	SiO_2	HBO_2	As	化学类型
271.19	10	na.	304.6	199.04	2.3	$HCO_3 \cdot Cl-Na$

开发利用：建有乡里的小型洗浴场所。

XZQ075 查布温泉

图 2.55　查布温泉（XZQ075）

位置：日喀则市谢通门县查布乡，海拔4724m。

概况：温度55℃，地层属 γ_6，台地以硅华为主，钙华较少，泉口沉积物为硅华（图2.55）。

水化学成分：2009年4月考察时取样测试（表2.76）。

表2.76　XZQ075查布温泉化学成分　　　　　（单位：mg/L）

T_S/℃	pH	TDS	Na^+	K^+	Ca^{2+}	Mg^{2+}
55	6.67	1913.56	354.4	37.2	30.64	15.65
Li	Rb	Cs	NH_4^+	CO_3^{2-}	HCO_3^-	SO_4^{2-}
7.04	nd.	nd.	0.44	nd.	670.77	97.2
Cl^-	F^-	CO_2	SiO_2	HBO_2	As	化学类型
261.3	9.4	na.	257.59	169.55	2.45	$HCO_3 \cdot Cl-Na$

开发利用：无开发利用。

XZQ076 查布温泉

位置：日喀则市谢通门县查布乡，海拔4738m。

概况：温度62℃，地层属 γ_6，台地以硅华为主，钙华较少，泉口沉积物为硅华。

水化学成分：2009年4月考察时取样测试（表2.77）。

表2.77　XZQ076查布温泉化学成分　　　　　（单位：mg/L）

T_S/℃	pH	TDS	Na^+	K^+	Ca^{2+}	Mg^{2+}
62	7.7	1865.26	355.9	38.7	22.58	5.86
Li	Rb	Cs	NH_4^+	CO_3^{2-}	HCO_3^-	SO_4^{2-}
7.42	nd.	nd.	0.56	nd.	602.53	96.63
Cl^-	F^-	CO_2	SiO_2	HBO_2	As	化学类型
254.24	9.45	na.	276.96	191.845	2.65	$HCO_3 \cdot Cl-Na$

开发利用：无开发利用，有私人洗浴房（小型），交通条件较差。

XZQ077 查布温泉

位置： 日喀则市谢通门县查布乡，海拔4738m。

概况： 温度58.8℃，地层属 γ_6，台地以硅华为主，钙华较少，泉口沉积物为硅华。

水化学成分： 2009年4月考察时取样测试（表2.78）。

表2.78　XZQ077查布温泉化学成分　　　　　（单位：mg/L）

T_S/℃	pH	TDS	Na^+	K^+	Ca^{2+}	Mg^{2+}
58.8	7.7	1931.58	372.1	39.2	17.74	7.82
Li	Rb	Cs	NH_4^+	CO_3^{2-}	HCO_3^-	SO_4^{2-}
7.14	nd.	nd.	0.48	nd.	610.26	92.77
Cl^-	F^-	CO_2	SiO_2	HBO_2	As	化学类型
266.95	9.8	na.	307.31	199.04	2.42	$HCO_3 \cdot Cl-Na$

开发利用：无开发利用，自然景观，交通条件较差。

XZQ078 查布温泉

位置： 日喀则市谢通门县查布乡，海拔4739m。

概况： 温度68.8℃，地层属 γ_6，台地以硅华为主，钙华较少，泉口沉积物为硅华。流量0.3L/s，交通条件较差。

水化学成分： 2009年4月考察时取样测试（表2.79）。

表2.79　XZQ078查布温泉化学成分　　　　　（单位：mg/L）

T_S/℃	pH	TDS	Na^+	K^+	Ca^{2+}	Mg^{2+}
68.8	7.28	1878.22	384.12	40.2	11.29	8.8
Li	Rb	Cs	NH_4^+	CO_3^{2-}	HCO_3^-	SO_4^{2-}
7.93	nd.	nd.	0.54	nd.	620.56	98.57
Cl^-	F^-	CO_2	SiO_2	HBO_2	As	化学类型
268.37	10.4	na.	225.94	199.045	2.11	$HCO_3 \cdot Cl-Na$

开发利用：无开发利用。

XZQ079 查布温泉

位置： 日喀则市谢通门县查布乡，海拔4738m。

概况：温度67.8℃，属γ₆地层，台地以硅华为主，钙华较少，泉口沉积物为硅华。流量0.01L/s，交通条件较差。

水化学成分：2009年4月考察时取样测试（表2.80）。

表2.80　XZQ079查布温泉化学成分　　　　　　（单位：mg/L）

$T_S/℃$	pH	TDS	Na^+	K^+	Ca^{2+}	Mg^{2+}
67.8	7.3	1925.16	375.98	37.6	19.35	10.76
Li	Rb	Cs	NH_4^+	CO_3^{2-}	HCO_3^-	SO_4^{2-}
na.	nd.	nd.	0.44	nd.	641.15	104.37
Cl^-	F⁻	CO_2	SiO_2	HBO_2	As	化学类型
262.72	9.43	na.	261.76	191.67	2.25	$HCO_3·Cl-Na$

开发利用：无开发利用。

XZQ080 查布温泉

位置：日喀则市谢通门县查布乡，海拔4735m。

概况：温度70℃，地层属γ₆，台地以硅华为主，钙华较少，泉口沉积物为硅华。流量0.01L/s，交通条件较差（图2.56）。

水化学成分：2009年4月考察时取样测试（表2.81）。

图 2.56　查布温泉（XZQ080）

表2.81　XZQ080查布温泉化学成分　　　　　　（单位：mg/L）

T_s/℃	pH	TDS	Na^+	K^+	Ca^{2+}	Mg^{2+}
70	7.62	1828.63	370.6	40.6	16.13	6.85
Li	Rb	Cs	NH_4^+	CO_3^{2-}	HCO_3^-	SO_4^{2-}
8.09	nd.	nd.	0.5	nd.	589.66	96.63
Cl^-	F^-	CO_2	SiO_2	HBO_2	As	化学类型
267.37	9.47	na.	227.13	192	2.25	$HCO_3 \cdot Cl-Na$

开发利用：无开发利用。

XZQ081 查布温泉

位置：日喀则市谢通门县查布乡，海拔4734m。

概况：温度73℃，地层属γ_6，台地以硅华为主，钙华较少，泉口沉积物为硅华（图2.57）。

水化学成分：2009年4月考察时取样测试（表2.82）。

图2.57　查布温泉（XZQ081）

表2.82　XZQ081查布温泉化学成分　　　　　　（单位：mg/L）

T_s/℃	pH	TDS	Na^+	K^+	Ca^{2+}	Mg^{2+}
73	7.18	1965.03	375.78	38.2	16.13	6.85
Li	Rb	Cs	NH_4^+	CO_3^{2-}	HCO_3^-	SO_4^{2-}
7.42	nd.	nd.	0.46	nd.	602.53	105.1
Cl^-	F^-	CO_2	SiO_2	HBO_2	As	化学类型
269.78	9.8	na.	325.78	206.41	2.48	$HCO_3 \cdot Cl-Na$

开发利用：无开发利用，交通条件较差。

XZQ082 查布温泉

位置：日喀则市谢通门县查布乡，海拔4739m。

概况：温度74℃，地层属γ_6，台地以硅华为主，钙华较少，泉口沉积物为硅华。流量0.1L/s，交通条件较差。

水化学成分：2009年4月考察时取样测试（表2.83）。

表2.83　XZQ082查布温泉化学成分　　　　　　（单位：mg/L）

T_S/℃	pH	TDS	Na$^+$	K$^+$	Ca^{2+}	Mg^{2+}
74	7.52	1945.56	393.78	40.1	16.13	8.8
Li	Rb	Cs	NH$_4^+$	CO$_3^{2-}$	HCO$_3^-$	SO$_4^{2-}$
7.4	nd.	nd.	0.4	nd.	620.56	108.23
Cl$^-$	F$^-$	CO$_2$	SiO$_2$	HBO$_2$	As	化学类型
281.08	10.6	na.	271.76	184.29	2.53	HCO$_3$·Cl–Na

开发利用：无开发利用。

图 2.58　查布温泉（XZQ083）

XZQ083 查布温泉

位置：日喀则市谢通门县查布乡，海拔4738m。

概况：温度61.4℃，地层属γ$_6$，台地以硅华为主，钙华较少，泉口沉积物为硅华。流量1.0L/s，交通条件较差（图2.58）。

水化学成分：2009年4月考察时取样测试（表2.84）。

表2.84　XZQ083查布温泉化学成分　　　　　　（单位：mg/L）

T_S/℃	pH	TDS	Na$^+$	K$^+$	Ca^{2+}	Mg^{2+}
61.4	7.17	1914.32	370.9	41.5	11.29	5.86
Li	Rb	Cs	NH$_4^+$	CO$_3^{2-}$	HCO$_3^-$	SO$_4^{2-}$
7.78	nd.	nd.	0.44	nd.	593.52	104.37
Cl$^-$	F$^-$	CO$_2$	SiO$_2$	HBO$_2$	As	化学类型
262.72	10.8	na.	312.17	191.67	2.5	HCO$_3$·Cl–Na

开发利用：无开发利用。

XZQ084 查布温泉

位置：日喀则市谢通门县查布乡，海拔4735m。

概况：温度66.2℃，地层属γ_6，台地以硅华为主，钙华较少，泉口沉积物为硅华。流量1.0L/s，交通条件较差。

水化学成分：2009年4月考察时取样测试（表2.85）。

表2.85 XZQ084查布温泉化学成分 （单位：mg/L）

T_S/℃	pH	TDS	Na⁺	K⁺	Ca²⁺	Mg²⁺
66.2	7.6	1943.51	397.62	38.42	12.9	7.82
Li	Rb	Cs	NH₄⁺	CO₃²⁻	HCO₃⁻	SO₄²⁻
7.49	nd.	nd.	0.44	nd.	636	115.96
Cl⁻	F⁻	CO₂	SiO₂	HBO₂	As	化学类型
272.6	9.8	na.	243.987	199.04	2.25	HCO₃·Cl–Na

开发利用：无开发利用。

XZQ085 查布温泉

位置：日喀则市谢通门县查布乡，海拔4735m。

概况：温度74.6℃，地层属γ_6，台地以硅华为主，钙华较少，泉口沉积物为硅华。流量0.15L/s，交通条件较差（图2.59）。

水化学成分：2009年4月考察时取样测试（表2.86）。

图 2.59 查布温泉（XZQ085）

表2.86 XZQ085查布温泉化学成分 （单位：mg/L）

T_S/℃	pH	TDS	Na⁺	K⁺	Ca²⁺	Mg²⁺
74.6	7.42	1881.89	377.82	36.4	19.35	7.82

续表

Li	Rb	Cs	NH$_4^+$	CO$_3^{2-}$	HCO$_3^-$	SO$_4^{2-}$
7.29	nd.	nd.	0.56	nd.	626.99	108.23

Cl$^-$	F$^-$	CO$_2$	SiO$_2$	HBO$_2$	As	化学类型
266.95	10.2	na.	228.16	191.66	2.43	HCO$_3$·Cl−Na

开发利用：无开发利用。

XZQ086 查布温泉

位置：日喀则市谢通门县查布乡，海拔4736m。

概况：温度55℃，地层属 γ_6，台地以硅华为主，钙华较少，泉口沉积物为硅华。

水化学成分：2009年4月考察时取样测试（表2.87）。

表2.87　XZQ086查布温泉化学成分　　　　（单位：mg/L）

T_S/℃	pH	TDS	Na$^+$	K$^+$	Ca^{2+}	Mg^{2+}
55	6.98	2090.74	387.28	40.1	22.58	15.65

Li	Rb	Cs	NH$_4^+$	CO$_3^{2-}$	HCO$_3^-$	SO$_4^{2-}$
7.2	nd.	nd.	0.34	nd.	664.33	123.69

Cl$^-$	F$^-$	CO$_2$	SiO$_2$	HBO$_2$	As	化学类型
272.6	10.6	na.	336.04	206.41	2.62	HCO$_3$·Cl−Na

开发利用：无开发利用，交通条件较差。

XZQ087 查布温泉

位置：日喀则市谢通门县查布乡，海拔4727m。

概况：温度86℃，地层属 γ_6，台地以硅华为主，钙华较少，泉口沉积物为硅华。

水化学成分：2009年4月考察时取样测试（表2.88）。

表2.88　XZQ087查布温泉化学成分　　　　（单位：mg/L）

T_S/℃	pH	TDS	Na$^+$	K$^+$	Ca^{2+}	Mg^{2+}
86	9.1	1796.52	425.5	39.89	1.61	6.85

Li	Rb	Cs	NH$_4^+$	CO$_3^{2-}$	HCO$_3^-$	SO$_4^{2-}$
8.24	nd.	nd.	0.42	235.52	142.91	104.37

Cl$^-$	F$^-$	CO$_2$	SiO$_2$	HBO$_2$	As	化学类型
292.96	11.2	na.	311.04	217.47	2.56	Cl·HCO$_3$−Na

开发利用：无开发利用，交通条件较差。

XZQ088 查布温泉

位置：日喀则市谢通门县查布乡，海拔4733m。

概况：温度78.2℃，地层属γ_6，台地以硅华为主，钙华较少，泉口沉积物为硅华。

水化学成分：2009年4月考察时取样测试（表2.89）。

表2.89　XZQ088查布温泉化学成分　　　　（单位：mg/L）

$T_S/℃$	pH	TDS	Na^+	K^+	Ca^{2+}	Mg^{2+}
78.2	7.67	1936.7	391.83	40	11.29	9.78
Li	Rb	Cs	NH_4^+	CO_3^{2-}	HCO_3^-	SO_4^{2-}
6.94	nd.	nd.	0.44	nd.	619.27	108.23
Cl^-	F^-	CO_2	SiO_2	HBO_2	As	化学类型
276.84	9.8	na.	265.24	195.35	2.6	$HCO_3 \cdot Cl-Na$

开发利用：无开发利用，交通条件较差。

XZQ089 查布温泉

位置：日喀则市谢通门县查布乡，海拔4732m。

概况：温度69.6℃，地层属γ_6，台地以硅华为主，钙华较少，泉口沉积物为硅华。流量0.01L/s，交通条件较差。

水化学成分：2009年4月考察时取样测试（表2.90）。

表2.90　XZQ089查布温泉化学成分　　　　（单位：mg/L）

$T_S/℃$	pH	TDS	Na^+	K^+	Ca^{2+}	Mg^{2+}
69.6	8.22	1740.73	401.23	38.92	4.84	7.82
Li	Rb	Cs	NH_4^+	CO_3^{2-}	HCO_3^-	SO_4^{2-}
7.65	nd.	nd.	0.4	53.18	485.37	114.95
Cl^-	F^-	CO_2	SiO_2	HBO_2	As	化学类型
274.01	10	na.	137.77	202.72	2.11	$HCO_3 \cdot Cl-Na$

开发利用：无开发利用。

XZQ090 查布温泉

位置：日喀则市谢通门县查布乡，海拔4726m。

概况：温度77.8℃，地层属γ_6，台地以硅华为主，钙华较少，泉口沉积物为硅华。

水化学成分：2009年4月考察时取样测试（表2.91）。

表2.91　XZQ090查布温泉化学成分　　　　　（单位：mg/L）

$T_S/℃$	pH	TDS	Na^+	K^+	Ca^{2+}	Mg^{2+}
77.8	7.91	1693.13	368.2	38.56	12.9	5.87
Li	Rb	Cs	NH_4^+	CO_3^{2-}	HCO_3^-	SO_4^{2-}
7.45	nd.	nd.	0.68	nd.	525.28	104.37
Cl^-	F^-	CO_2	SiO_2	HBO_2	As	化学类型
259.89	10.1	na.	160.59	195.35	1.78	$HCO_3·Cl-Na$

开发利用：泉水用途为洗浴及景观，无开发利用，交通条件较差。

XZQ091 查布温泉

位置：日喀则市谢通门县查布乡，海拔4731m。

概况：温度84.4℃，地层属γ_6，台地以硅华为主，钙华较少，泉口沉积物为硅华。流量2.0L/s，交通条件较差。

水化学成分：2009年4月考察时取样测试（表2.92）。

表2.92　XZQ091查布温泉化学成分　　　　　（单位：mg/L）

$T_S/℃$	pH	TDS	Na^+	K^+	Ca^{2+}	Mg^{2+}
84.4	8.6	1843.84	419.6	39.99	1.61	2.93
Li	Rb	Cs	NH_4^+	CO_3^{2-}	HCO_3^-	SO_4^{2-}
7.78	nd.	nd.	0.4	132.95	325.73	108.23
Cl^-	F^-	CO_2	SiO_2	HBO_2	As	化学类型
282.49	11	na.	306.96	202.72	2.21	$Cl·HCO_3-Na$

开发利用：泉水用途为洗浴及景观，建有小型的洗浴所。

XZQ092 查布温泉

位置：日喀则市谢通门县查布乡，海拔4734m。

概况：温度70℃，地层属γ_6，台地以硅华为主，钙华较少，泉口沉积物为硅华。

水化学成分：2009年4月考察时取样测试（表2.93）。

表2.93　XZQ092查布温泉化学成分　　　　　　（单位：mg/L）

T_s/℃	pH	TDS	Na$^+$	K$^+$	Ca^{2+}	Mg^{2+}
70	8.62	1712.38	396.4	40.19	16.13	6.85
Li	Rb	Cs	NH$_4^+$	CO$_3^{2-}$	HCO$_3^-$	SO$_4^{2-}$
7.29	nd.	nd.	0.4	129.15	347.61	119.82
Cl$^-$	F$^-$	CO$_2$	SiO$_2$	HBO$_2$	As	化学类型
290.96	11.4	na.	133.41	210.4	2.59	Cl·HCO$_3$–Na

开发利用： 泉水用途为景观，无开发利用，交通条件较差。

XZQ093 查布温泉

位置： 日喀则市谢通门县查布乡，海拔4739m。

概况： 温度83℃，台地以硅华为主，钙华较少，泉口沉积物为硅华。流量0.2L/s，交通条件较差。

水化学成分： 2009年4月考察时取样测试(表2.94)。

表2.94　XZQ093查布温泉化学成分　　　　　　（单位：mg/L）

T_s/℃	pH	TDS	Na$^+$	K$^+$	Ca^{2+}	Mg^{2+}
83	8.7	1731.8	394.2	41.22	3.23	9.78
Li	Rb	Cs	NH$_4^+$	CO$_3^{2-}$	HCO$_3^-$	SO$_4^{2-}$
7.39	nd.	nd.	0.44	132.95	294.83	119.83
Cl$^-$	F$^-$	CO$_2$	SiO$_2$	HBO$_2$	As	化学类型
265.64	11.6	na.	261.58	187.98	2.2	Cl–Na

开发利用： 泉水未见开发利用，利用状况以当地百姓洗浴为主。

XZQ094 查布温泉

位置： 日喀则市谢通门县查布乡，海拔4739m。

概况： 温度80.2℃，地层属γ$_6$，台地以硅华为主，钙华较少，泉口沉积物为硅华。流量0.9L/s，交通条件较差。

水化学成分： 2009年4月考察时取样测试（表2.95）。

表2.95　XZQ094查布温泉化学成分　　　　　　（单位：mg/L）

T_s/℃	pH	TDS	Na$^+$	K$^+$	Ca^{2+}	Mg^{2+}
80.2	8.52	1748.78	397.82	41.22	4.84	8.8

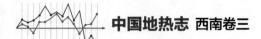

续表

Li	Rb	Cs	NH_4^+	CO_3^{2-}	HCO_3^-	SO_4^{2-}
7.59	nd.	nd.	0.46	111.43	360.49	114.95

Cl^-	F^-	CO_2	SiO_2	HBO_2	As	化学类型
264.13	10.8	na.	244.38	180.61	2.7	$Cl \cdot HCO_3 - Na$

开发利用: 泉水未见开发利用，利用状况以当地百姓洗浴为主。

XZQ095 查布温泉

位置: 日喀则市谢通门县查布乡，海拔4735m。

概况: 温度74.8℃，地层属γ_6，台地以硅华为主，钙华较少，泉口沉积物为硅华。流量0.03L/s，交通条件较差。

水化学成分: 2009年4月考察时取样测试（表2.96）。

表2.96 XZQ095查布温泉化学成分 （单位：mg/L）

$T_S/℃$	pH	TDS	Na^+	K^+	Ca^{2+}	Mg^{2+}
74.8	7.45	1872.49	391.2	37.82	14.52	9.78

Li	Rb	Cs	NH_4^+	CO_3^{2-}	HCO_3^-	SO_4^{2-}
7.89	nd.	nd.	0.42	nd.	610.26	115.96

Cl^-	F^-	CO_2	SiO_2	HBO_2	As	化学类型
274.01	10.5	na.	193.95	202.72	2.47	$HCO_3 \cdot Cl - Na$

开发利用: 泉水未见开发利用。

XZQ096 查布温泉

位置: 日喀则市谢通门县查布乡，海拔4737m。

概况: 温度72.2℃，地层属γ_6，台地以硅华为主，钙华较少，泉口沉积物为硅华。流量0.001L/s，交通条件较差。

水化学成分: 2009年4月考察时取样测试（表2.97）。

表2.97 XZQ096查布温泉化学成分 （单位：mg/L）

$T_S/℃$	pH	TDS	Na^+	K^+	Ca^{2+}	Mg^{2+}
72.2	8.6	1702.44	385.4	44.96	2.42	2.93

Li	Rb	Cs	NH_4^+	CO_3^{2-}	HCO_3^-	SO_4^{2-}
7.98	nd.	nd.	0.02	37.99	489.23	86.01

Cl⁻	F⁻	CO₂	SiO₂	HBO₂	As	化学类型
276.84	9.44	na.	174.18	182.45	2.25	HCO₃·Cl–Na

开发利用：泉水未见开发利用。

XZQ097 查布温泉

位置：日喀则市谢通门县查布乡，海拔4733m。

概况：温度77.6℃，地层属γ₆，台地以硅华为主，钙华较少，泉口沉积物为硅华。流量0.3L/s，交通条件较差。

水化学成分：2009年4月考察时取样测试(表2.98)。

表2.98　XZQ097查布温泉化学成分　　　（单位：mg/L）

T_S/℃	pH	TDS	Na⁺	K⁺	Ca²⁺	Mg²⁺
77.6	8.44	1784.94	372.85	47.8	3.23	2.94
Li	Rb	Cs	NH₄⁺	CO₃²⁻	HCO₃⁻	SO₄²⁻
8.31	nd.	nd.	0.08	63.31	442.89	89.87
Cl⁻	F⁻	CO₂	SiO₂	HBO₂	As	化学类型
280	9.4	na.	272.82	189.82	2.32	Cl·HCO₃–Na

开发利用：泉水未见开发利用。

XZQ098 查布温泉

位置：日喀则市谢通门县查布乡，海拔4726m。

概况：温度81.8℃，地层属γ₆，台地以硅华为主，钙华较少，泉口沉积物为硅华。流量0.7L/s，交通条件较差。

水化学成分：2009年4月考察时取样测试（表2.99）。

表2.99　XZQ098查布温泉化学成分　　　（单位：mg/L）

T_S/℃	pH	TDS	Na⁺	K⁺	Ca²⁺	Mg²⁺
81.8	8.82	1769.56	379.5	43.2	2.42	3.91
Li	Rb	Cs	NH₄⁺	CO₃²⁻	HCO₃⁻	SO₄²⁻
8.21	nd.	nd.	0.46	98.76	375.94	89.87
Cl⁻	F⁻	CO₂	SiO₂	HBO₂	As	化学类型
276.84	9.62	na.	289.94	189.82	2.78	Cl·HCO₃–Na

开发利用：建有小型洗浴场所。

XZQ099 查布温泉

位置： 日喀则市谢通门县查布乡，海拔4727m。

概况： 温度80.8℃，地层属γ_6，台地以硅华为主，钙华较少，泉口沉积物为硅华。流量0.1L/s，交通条件较差。

水化学成分： 2009年4月考察时取样测试(表2.100)。

表2.100　XZQ099查布温泉化学成分 （单位：mg/L）

T_s/℃	pH	TDS	Na^+	K^+	Ca^{2+}	Mg^{2+}
80.8	8.73	1691.54	385.2	46.4	2.42	2.45
Li	Rb	Cs	NH_4^+	CO_3^{2-}	HCO_3^-	SO_4^{2-}
8.59	nd.	nd.	0.36	83.57	406.84	103.4
Cl^-	F^-	CO_2	SiO_2	HBO_2	As	化学类型
286.02	9.84	na.	162.32	193.51	2.68	$Cl \cdot HCO_3-Na$

开发利用：未见开发利用。

XZQ100 查布温泉

位置： 日喀则市谢通门县查布乡，海拔4722m。

概况： 温度81.4℃，地层属γ_6，台地以硅华为主，钙华较少，泉口沉积物为硅华。流量0.8L/s，交通条件较差。

水化学成分： 2009年4月考察时取样测试(表2.101)。

表2.101　XZQ100查布温泉化学成分 （单位：mg/L）

T_s/℃	pH	TDS	Na^+	K^+	Ca^{2+}	Mg^{2+}
81.4	8.64	1832.81	385.2	47.54	2.42	1.96
Li	Rb	Cs	NH_4^+	CO_3^{2-}	HCO_3^-	SO_4^{2-}
8.37	nd.	nd.	0.31	53.18	458.34	99.54
Cl^-	F^-	CO_2	SiO_2	HBO_2	As	化学类型
281.08	9.8	na.	294.12	189.82	2.8	$Cl \cdot HCO_3-Na$

开发利用：未见开发利用。

XZQ101 查布温泉

位置：日喀则市谢通门县查布乡，海拔4721m。

概况：温度77.6℃，地层属γ_6，台地以硅华为主，钙华较少，泉口沉积物为硅华。流量0.4L/s，交通条件较差。

水化学成分：2009年4月考察时取样测试（表2.102）。

表2.102　XZQ101查布温泉化学成分　　　　（单位：mg/L）

T_S/℃	pH	TDS	Na^+	K^+	Ca^{2+}	Mg^{2+}
77.6	8.1	1922.72	399	40.18	11.4	1.47
Li	Rb	Cs	NH_4^+	CO_3^{2-}	HCO_3^-	SO_4^{2-}
8.11	nd.	nd.	0.3	nd.	587.08	70.2
Cl^-	F^-	CO_2	SiO_2	HBO_2	As	化学类型
272.6	9.63	na.	328.86	193.51	2.81	$HCO_3 \cdot Cl-Na$

开发利用：未见开发利用。

XZQ102 查布温泉

位置：日喀则市谢通门县查布乡，海拔4724m。

概况：温度70.4℃，地层属γ_6，台地以硅华为主，钙华较少，泉口沉积物为硅华。

水化学成分：2009年4月考察时取样测试（表2.103）。

表2.103　XZQ102查布温泉化学成分　　　　（单位：mg/L）

T_S/℃	pH	TDS	Na^+	K^+	Ca^{2+}	Mg^{2+}
70.4	8.25	1805.07	420.88	41.68	4.83	1.96
Li	Rb	Cs	NH_4^+	CO_3^{2-}	HCO_3^-	SO_4^{2-}
8.37	nd.	nd.	<0.02	343.05	538.16	89.87
Cl^-	F^-	CO_2	SiO_2	HBO_2	As	化学类型
292.38	10	na.	153.6	197.19	2.43	$HCO_3 \cdot Cl-Na$

开发利用：未见开发利用，交通条件较差。

XZQ103 查布温泉

位置：日喀则市谢通门县查布乡，海拔4731m。

概况：温度80℃，地层属 γ_6，台地以硅华为主，钙华较少，泉口沉积物为硅华。

水化学成分：2009年4月考察时取样测试（表2.104）。

表2.104　XZQ103查布温泉化学成分　　　　　　（单位：mg/L）

$T_S/℃$	pH	TDS	Na^+	K^+	Ca^{2+}	Mg^{2+}
80	8.5	1783.32	401.29	46.2	4.83	1.47
Li	Rb	Cs	NH_4^+	CO_3^{2-}	HCO_3^-	SO_4^{2-}
8.04	nd.	nd.	0.38	65.84	435.16	86.01
Cl^-	F	CO_2	SiO_2	HBO_2	As	化学类型
272.6	9.4	na.	261.4	189.32	2.7	$Cl \cdot HCO_3-Na$

开发利用：未见开发利用。

XZQ104 查布温泉

位置：日喀则市谢通门县查布乡，海拔4744m。

概况：温度77.4℃，地层属 γ_6，台地以硅华为主，钙华较少，泉口沉积物为硅华。

水化学成分：2009年4月考察时取样测试（表2.105）。

表2.105　XZQ104查布温泉化学成分　　　　　　（单位：mg/L）

$T_S/℃$	pH	TDS	Na^+	K^+	Ca^{2+}	Mg^{2+}
77.4	8.34	1796.67	395.86	43.2	6.45	0.98
Li	Rb	Cs	NH_4^+	CO_3^{2-}	HCO_3^-	SO_4^{2-}
8.18	nd.	nd.	0.4	45.58	471.21	87.94
Cl^-	F	CO_2	SiO_2	HBO_2	As	化学类型
269.07	9.22	na.	275.18	182.45	2.41	$HCO_3 \cdot Cl-Na$

开发利用：未见开发利用。

XZQ105 查布温泉

位置：日喀则市谢通门县查布乡，海拔4745m。

概况：温度66℃，地层属 γ_6，台地以硅华为主，钙华较少，泉口沉积物为硅华。

水化学成分：2009年4月考察时取样测试（表2.106）。

表2.106 XZQ105查布温泉化学成分 （单位：mg/L）

T_s/℃	pH	TDS	Na⁺	K⁺	Ca²⁺	Mg²⁺
66	7.5	1878.5	372.36	39.85	15.32	2.93
Li	Rb	Cs	NH₄⁺	CO₃²⁻	HCO₃⁻	SO₄²⁻
7.94	nd.	nd.	<0.02	na.	605.11	76.34
Cl⁻	F⁻	CO₂	SiO₂	HBO₂	As	化学类型
264.83	9.3	na.	295.68	186.14	2.21	HCO₃·Cl–Na

开发利用：未见开发利用，交通条件较差，谢通门县向北查布乡。

XZQ106 查布温泉

位置：日喀则市谢通门县查布乡，海拔4744m。

概况：温度77.2℃，地层属 γ_6，台地以硅华为主，钙华较少，泉口沉积物为硅华。

水化学成分：2009年4月考察时取样测试（表2.107）。

表2.107 XZQ106查布温泉化学成分 （单位：mg/L）

T_s/℃	pH	TDS	Na⁺	K⁺	Ca²⁺	Mg²⁺
77.2	8.22	1894.08	407.08	48.42	6.45	1.96
Li	Rb	Cs	NH₄⁺	CO₃²⁻	HCO₃⁻	SO₄²⁻
8.11	nd.	nd.	0.2	22.79	538.16	89.87
Cl⁻	F⁻	CO₂	SiO₂	HBO₂	As	化学类型
281.08	10.4	na.	285.6	192.51	2.65	HCO₃·Cl–Na

开发利用：泉水未见开发利用，交通条件较差。

XZQ107 查布温泉

位置：日喀则市谢通门县查布乡，海拔4748m。

概况：温度76℃，地层属 γ_6，台地以硅华为主，钙华较少，泉口沉积物为硅华。

水化学成分：2009年4月考察时取样测试（表2.108）。

表2.108 XZQ107查布温泉化学成分 （单位：mg/L）

T_s/℃	pH	TDS	Na⁺	K⁺	Ca²⁺	Mg²⁺
76	8.21	1864.55	393.6	39.58	4.84	2.45
Li	Rb	Cs	NH₄⁺	CO₃²⁻	HCO₃⁻	SO₄²⁻
7.89	nd.	nd.	0.14	20.25	533.01	86.01

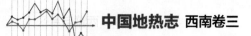

续表

Cl⁻	F⁻	CO₂	SiO₂	HBO₂	As	化学类型
282.49	10.2	na.	296.22	186.14	2.62	HCO₃·Cl–Na

开发利用：未见开发利用，交通条件较差。

XZQ108 查布温泉

位置：日喀则市谢通门县查布乡，海拔4753m。

概况：温度44.8℃，地层属γ₆，台地以硅华为主，钙华较少，泉口沉积物为硅华。

水化学成分：2009年4月考察时取样测试（表2.109）。

表2.109　XZQ108查布温泉化学成分　（单位：mg/L）

T_S/℃	pH	TDS	Na⁺	K⁺	Ca²⁺	Mg²⁺
44.8	5.9	336.41	30.58	4.69	16.13	1.47
Li	Rb	Cs	NH₄⁺	CO₃²⁻	HCO₃⁻	SO₄²⁻
0.68	nd.	nd.	2.3	nd.	38.62	72.48
Cl⁻	F⁻	CO₂	SiO₂	HBO₂	As	化学类型
14.12	0.6	na.	133.88	20.27	0.18	SO₄–Na

开发利用：未见开发利用，交通条件较差。

XZQ109 查布温泉

位置：日喀则市谢通门县查布乡，海拔4752m。

概况：温度57.6℃，地层属γ₆，台地以硅华为主，钙华较少，泉口沉积物为硅华。流量0.01L/s，交通条件较差。

水化学成分：2009年4月考察时取样测试（表2.110）。

表2.110　XZQ109查布温泉化学成分　（单位：mg/L）

T_S/℃	pH	TDS	Na⁺	K⁺	Ca²⁺	Mg²⁺
57.6	6.89	1915.04	397.84	43.8	17.74	0.84
Li	Rb	Cs	NH₄⁺	CO₃²⁻	HCO₃⁻	SO₄²⁻
7.92	nd.	nd.	<0.02	nd.	581.93	84.07
Cl⁻	F⁻	CO₂	SiO₂	HBO₂	As	化学类型
280.05	9	na.	302.5	186.14	1.98	HCO₃·Cl–Na

开发利用：未见开发利用。

XZQ110 查布温泉

位置：日喀则市谢通门县查布乡，海拔4754m。

概况：温度58.4℃，地层属γ_6，台地以硅华为主，钙华较少，泉口沉积物为硅华。

水化学成分：2009年4月考察时取样测试（表2.111）。

表2.111 XZQ110查布温泉化学成分 （单位：mg/L）

$T_S/℃$	pH	TDS	Na^+	K^+	Ca^{2+}	Mg^{2+}
58.4	7.2	2052.77	413.86	45.02	23.39	6.36
Li	Rb	Cs	NH_4^+	CO_3^{2-}	HCO_3^-	SO_4^{2-}
7.77	nd.	nd.	<0.02	nd.	679.78	82.31
Cl^-	F^-	CO_2	SiO_2	HBO_2	As	化学类型
274.72	9.8	na.	320.95	186.14	2.2	$HCO_3 \cdot Cl-Na$

开发利用：泉水未见开发利用，交通条件较差。

XZQ111 查布温泉

位置：日喀则谢通门县查布乡，海拔4749m。

概况：温度62.6℃，地层属γ_6，台地以硅华为主，钙华较少，泉口沉积物为硅华。流量0.2L/s，交通条件较差。

水化学成分：2009年4月考察时取样测试（表2.112）。

表2.112 XZQ111查布温泉化学成分 （单位：mg/L）

$T_S/℃$	pH	TDS	Na^+	K^+	Ca^{2+}	Mg^{2+}
62.6	7.2	1980.45	623.13	37.84	20.97	2.93
Li	Rb	Cs	NH_4^+	CO_3^{2-}	HCO_3^-	SO_4^{2-}
7.89	nd.	nd.	<0.02	nd.	679.78	76.34
Cl^-	F^-	CO_2	SiO_2	HBO_2	As	化学类型
272.6	9.42	na.	344.34	182.45	2.51	$HCO_3 \cdot Cl-Na$

开发利用：未见开发利用。

XZQ112 查布温泉

位置：日喀则市谢通门县查布乡，海拔4746m。

概况：温度78.8℃，地层属 γ_6，台地以硅华为主，钙华较少，泉口沉积物为硅华。

水化学成分：2009年4月考察时取样测试（表2.113）。

表2.113　XZQ112查布温泉化学成分　　　　（单位：mg/L）

T_s/℃	pH	TDS	Na^+	K^+	Ca^{2+}	Mg^{2+}
78.8	7.85	1814.5	378.2	42.96	7.26	1.96
Li	Rb	Cs	NH_4^+	CO_3^{2-}	HCO_3^-	SO_4^{2-}
8.18	nd.	nd.	0.1	nd	610.26	70.54
Cl^-	F^-	CO_2	SiO_2	HBO_2	As	化学类型
269.07	9.81	na.	221.09	193.51	2.53	$HCO_3 \cdot Cl-Na$

开发利用：未见开发利用，交通条件较差。

XZQ113 查布温泉

位置：日喀则市谢通门县查布乡，海拔4746m。

概况：温度74.6℃，台地以硅华为主，钙华较少，泉口沉积物为硅华。流量0.2L/s，交通条件较差。

水化学成分：2009年4月考察时取样测试（表2.114）。

表2.114　XZQ113查布温泉化学成分　　　　（单位：mg/L）

T_s/℃	pH	TDS	Na^+	K^+	Ca^{2+}	Mg^{2+}
74.6	8.21	1830.68	383.68	44.5	10.48	1.47
Li	Rb	Cs	NH_4^+	CO_3^{2-}	HCO_3^-	SO_4^{2-}
7.71	nd.	nd.	0.28	20.25	592.23	78.28
Cl^-	F^-	CO_2	SiO_2	HBO_2	As	化学类型
264.13	9.62	na.	227.74	189.82	2.68	$HCO_3 \cdot Cl-Na$

开发利用：未见开发利用。

XZQ114 查布温泉

位置：日喀则市谢通门县查布乡，海拔4744m。

概况：温度57.4℃，地层属 γ_6，台地以硅华为主，钙华较少，泉口沉积物为硅华。流量0.03L/s，交通条件较差。

水化学成分：2009年4月考察时取样测试（表2.115）。

表2.115 XZQ114查布温泉化学成分 （单位：mg/L）

$T_S/℃$	pH	TDS	Na⁺	K⁺	Ca²⁺	Mg²⁺
57.4	6.82	1814.81	393	30.48	6.45	0.49
Li	Rb	Cs	NH₄⁺	CO₃²⁻	HCO₃⁻	SO₄²⁻
7.81	nd.	nd.	0.26	nd.	563.91	76.34
Cl⁻	F⁻	CO₂	SiO₂	HBO₂	As	化学类型
262.01	8.8	na.	283.93	178.77	2.1	HCO₃·Cl–Na

开发利用：未见开发利用。

XZQ115 查布温泉

位置：日喀则市谢通门县查布乡，海拔4735m。

概况：温度83.2℃，地层属 $γ_6$，台地以硅华为主，钙华较少，泉口沉积物为硅华。流量2.3L/s，交通条件较差。

水化学成分：2009年4月考察时取样测试（表2.116）。

表2.116 XZQ115查布温泉化学成分 （单位：mg/L）

$T_S/℃$	pH	TDS	Na⁺	K⁺	Ca²⁺	Mg²⁺
83.2	8.55	1854.85	384.94	58.62	1.61	1.47
Li	Rb	Cs	NH₄⁺	CO₃²⁻	HCO₃⁻	SO₄²⁻
8.13	nd.	nd.	0.24	73.44	435.16	78.28
Cl⁻	F⁻	CO₂	SiO₂	HBO₂	As	化学类型
286.73	10	na.	321.9	193.51	2.79	Cl·HCO₃–Na

开发利用：未见开发利用。

XZQ116 查布温泉

位置：日喀则市谢通门县查布乡，海拔4734m。

概况：温度78.7℃，台地以硅华为主，钙华较少，泉口沉积物为硅华。

水化学成分：2009年4月考察时取样测试（表2.117）。

表2.117 XZQ116查布温泉化学成分 （单位：mg/L）

$T_S/℃$	pH	TDS	Na⁺	K⁺	Ca²⁺	Mg²⁺
78.7	8.51	1800.12	378.25	53.22	1.61	0.98

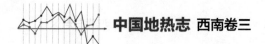

Li	Rb	Cs	NH$_4^+$	CO$_3^{2-}$	HCO$_3^-$	SO$_4^{2-}$
7.47	nd.	nd.	0.28	96.23	388.81	76.34

Cl$^-$	F$^-$	CO$_2$	SiO$_2$	HBO$_2$	As	化学类型
282.49	9.82	na.	312.14	193.51	2.59	Cl·HCO$_3$-Na

开发利用：未见开发利用，流量1.5L/s，交通条件较差。

XZQ117 查布温泉

位置：日喀则市谢通门县查布乡，海拔4736m。

概况：温度79.2℃，地层属γ_6，台地以硅华为主，钙华较少，泉口沉积物为硅华。

水化学成分：2009年4月考察时取样测试（表2.118）。

表2.118　XZQ117查布温泉化学成分　（单位：mg/L）

T_s/℃	pH	TDS	Na$^+$	K$^+$	Ca^{2+}	Mg^{2+}
79.2	8.48	1848.79	397.98	58.94	1.61	0.98

Li	Rb	Cs	NH$_4^+$	CO$_3^{2-}$	HCO$_3^-$	SO$_4^{2-}$
7.96	nd.	nd.	0.26	93.23	383.66	74.41

Cl$^-$	F$^-$	CO$_2$	SiO$_2$	HBO$_2$	As	化学类型
284.61	9.43	na.	345.36	186.14	2.99	Cl·HCO$_3$-Na

开发利用：未见开发利用，建有小型的洗浴场所，交通条件较差。

XZQ118 查布温泉

位置：日喀则市谢通门县查布乡，海拔4735m。

概况：温度62.2℃，地层属γ_6，台地以硅华为主，钙华较少，泉口沉积物为硅华。

水化学成分：2009年4月考察时取样测试（表2.119）。

表2.119　XZQ118查布温泉化学成分　（单位：mg/L）

T_s/℃	pH	TDS	Na$^+$	K$^+$	Ca^{2+}	Mg^{2+}
62.2	7.65	1904.12	362.41	38.56	22.58	2.93

Li	Rb	Cs	NH$_4^+$	CO$_3^{2-}$	HCO$_3^-$	SO$_4^{2-}$
7.18	nd.	nd.	0.02	nd.	599.96	68.61

Cl$^-$	F$^-$	CO$_2$	SiO$_2$	HBO$_2$	As	化学类型
272.6	8.9	na.	342.75	175.08	2.41	HCO$_3$·Cl-Na

开发利用：未见开发利用，交通条件较差。

XZQ119 查布温泉

位置：日喀则市谢通门县查布乡，海拔4728m。

概况：温度77.6℃，地层属γ_6，台地以硅华为主，钙华较少，泉口沉积物为硅华。流量2.0L/s，交通条件较差。

水化学成分：2009年4月考察时取样测试（表2.120）。

表2.120　XZQ119查布温泉化学成分　　　　　　　（单位：mg/L）

T_s/℃	pH	TDS	Na$^+$	K$^+$	Ca^{2+}	Mg^{2+}
77.6	8.22	1798.58	397.94	39.43	4.03	1.47
Li	Rb	Cs	NH$_4^+$	CO$_3^{2-}$	HCO$_3^-$	SO$_4^{2-}$
8.14	nd.	nd.	0.28	53.18	468.63	76.34
Cl$^-$	F$^-$	CO$_2$	SiO$_2$	HBO$_2$	As	化学类型
278.25	9.6	na.	270.64	189.82	2.56	Cl·HCO$_3$-Na

开发利用：未见开发利用。

XZQ120 查布温泉

位置：日喀则市谢通门县查布乡，海拔4731m。

概况：温度77.6℃，地层属γ_6，台地以硅华为主，钙华较少，泉口沉积物为硅华。

水化学成分：2009年4月考察时取样测试（表2.121）。

表2.121　XZQ120查布温泉化学成分　　　　　　　（单位：mg/L）

T_s/℃	pH	TDS	Na$^+$	K$^+$	Ca^{2+}	Mg^{2+}
77.6	8.63	1570.89	387.32	39.8	2.42	0.89
Li	Rb	Cs	NH$_4^+$	CO$_3^{2-}$	HCO$_3^-$	SO$_4^{2-}$
7.86	nd.	nd.	0.38	98.76	350.19	68.94
Cl$^-$	F$^-$	CO$_2$	SiO$_2$	HBO$_2$	As	化学类型
269.07	10.4	na.	140.4	193.51	2.42	Cl·HCO$_3$-Na

开发利用：未见开发利用，交通条件较差。

XZQ121 查布温泉

位置：日喀则市谢通门县查布乡，海拔4732m。

概况：温度80.6℃，地层属γ_6，台地以硅华为主，钙华较少，泉口沉积物为硅华。流量1.0L/s，交通条件较差。

水化学成分：2009年4月考察时取样测试（表2.122）。

表2.122　XZQ121查布温泉化学成分　　　　　　（单位：mg/L）

T_S/℃	pH	TDS	Na^+	K^+	Ca^{2+}	Mg^{2+}
80.6	8.24	1843.16	396.54	41.2	4.03	1.47
Li	Rb	Cs	NH_4^+	CO_3^{2-}	HCO_3^-	SO_4^{2-}
8.24	nd.	nd.	0.36	40.52	509.83	72.48
Cl^-	F^-	CO_2	SiO_2	HBO_2	As	化学类型
279.66	9.9	na.	284.64	193.51	1.85	$HCO_3·Cl-Na$

开发利用：未见开发利用。

XZQ122 查布温泉

位置：日喀则市谢通门县查布乡，海拔4727m。

概况：温度78.2℃，地层属γ_6，台地以硅华为主，钙华较少，泉口沉积物为硅华。流量1.5L/s，交通条件较差。

水化学成分：2009年4月考察时取样测试（表2.123）。

表2.123　XZQ122查布温泉化学成分　　　　　　（单位：mg/L）

T_S/℃	pH	TDS	Na^+	K^+	Ca^{2+}	Mg^{2+}
78.2	8.61	1716.36	379.88	41	3.23	0.98
Li	Rb	Cs	NH_4^+	CO_3^{2-}	HCO_3^-	SO_4^{2-}
7.5	nd.	nd.	0.28	96.23	370.79	76.34
Cl^-	F^-	CO_2	SiO_2	HBO_2	As	化学类型
261.3	9.83	na.	273.6	193.51	2.75	$Cl·HCO_3-Na$

开发利用：未见开发利用。

XZQ123 查布温泉

位置：日喀则市谢通门县查布乡，海拔4724m。

概况：温度82.2℃，地层属γ_6，台地以硅华为主，钙华较少，泉口沉积物为硅华。

水化学成分：2009年4月考察时取样测试（表2.124）。

表2.124　XZQ123查布温泉化学成分　　（单位：mg/L）

$T_S/℃$	pH	TDS	Na^+	K^+	Ca^{2+}	Mg^{2+}
82.2	9	1697.48	389.91	51.3	2.42	0.98
Li	Rb	Cs	NH_4^+	CO_3^{2-}	HCO_3^-	SO_4^{2-}
8.12	nd.	nd.	0.32	151.95	260.07	74.41
Cl^-	F^-	CO_2	SiO_2	HBO_2	As	化学类型
272.6	10	na.	287.94	186.14	2.5	$Cl·CO_3-Na$

开发利用：未见开发利用，交通条件较差。

XZQ124 查布温泉

位置：日喀则市谢通门县查布乡，海拔4724m。

概况：温度62.4℃，地层属γ_6，台地以硅华为主，钙华较少，泉口沉积物为硅华。

水化学成分：2009年4月考察时取样测试（表2.125）。

表2.125　XZQ124查布温泉化学成分　　（单位：mg/L）

$T_S/℃$	pH	TDS	Na^+	K^+	Ca^{2+}	Mg^{2+}
62.4	7.3	2031.13	389.99	42.1	26.61	3.42
Li	Rb	Cs	NH_4^+	CO_3^{2-}	HCO_3^-	SO_4^{2-}
7.56	nd.	nd.	<0.02	nd.	656.6	74.41
Cl^-	F^-	CO_2	SiO_2	HBO_2	As	化学类型
264.13	9.62	na.	364.03	189.82	2.23	$HCO_3·Cl-Na$

开发利用：未见开发利用，交通条件较差。

XZQ125 查布温泉

位置：日喀则市谢通门县查布乡，海拔4739m。

概况：温度81.6℃，地层属γ_6，台地以硅华为主，钙华较少，泉口沉积物为硅华。

水化学成分：2009年4月考察时取样测试（表2.126）。

表2.126　XZQ125查布温泉化学成分　　（单位：mg/L）

$T_S/℃$	pH	TDS	Na^+	K^+	Ca^{2+}	Mg^{2+}
81.6	8.25	1923.22	407.36	39.78	4.03	2.45
Li	Rb	Cs	NH_4^+	CO_3^{2-}	HCO_3^-	SO_4^{2-}
8.41	nd.	nd.	0.2	45.58	517.56	78.28

Cl⁻	F⁻	CO₂	SiO₂	HBO₂	As	化学类型
290.96	10.4	na.	305.64	211.94	2.83	HCO₃·Cl-Na

开发利用：未见开发利用，交通条件较差。

XZQ126 查布温泉

位置：日喀则市谢通门县查布乡，海拔4741m。

概况：温度69.8℃，地层属γ_6，台地以硅华为主，钙华较少，泉口沉积物为硅华。流量0.01L/s，交通条件较差（图2.60）。

水化学成分：2009年4月考察时取样测试（表2.127）。

表2.127　XZQ126查布温泉化学成分　　　　　　（单位：mg/L）

T_S/℃	pH	TDS	Na⁺	K⁺	Ca²⁺	Mg²⁺
69.8	7.5	1719.45	340.32	42.03	19.35	1.96
Li	Rb	Cs	NH₄⁺	CO₃²⁻	HCO₃⁻	SO₄²⁻
7.09	nd.	nd.	0.18	nd.	543.31	80.21
Cl⁻	F⁻	CO₂	SiO₂	HBO₂	As	化学类型
252.83	9.44	na.	250.36	171.39	2.52	HCO₃·Cl-Na

开发利用：未见开发利用。

图2.60　查布温泉（XZQ126）

图2.61　查布温泉（XZQ127）

XZQ127 查布温泉

位置：日喀则市谢通门县查布乡，海拔4748m。

概况：温度78.6℃，地层属γ_6，泉口沉积物为硅华，建有的洗浴场所，流量0.2L/s，交通条件较差（图2.61）。

水化学成分：2009年4月考察时取样测试（表2.128）。

表2.128　XZQ127查布温泉化学成分　　　　（单位：mg/L）

T_s/℃	pH	TDS	Na$^+$	K$^+$	Ca^{2+}	Mg^{2+}
78.6	7.62	2068.5	418.96	56.55	13.71	2.93
Li	Rb	Cs	NH$_4^+$	CO$_3^{2-}$	HCO$_3^-$	SO$_4^{2-}$
8.22	nd.	nd.	0.02	nd.	659.18	87.94
Cl$^-$	F$^-$	CO$_2$	SiO$_2$	HBO$_2$	As	化学类型
288.14	10	na.	317.86	204.57	2.5	HCO$_3$·Cl-Na

XZQ128 查布温泉

位置：日喀则市谢通门县查布乡，海拔4748m。

概况：温度71℃，地层属γ_6，台地以硅华为主，钙华较少，泉口沉积物为硅华。

水化学成分：2009年4月考察时取样测试（表2.129）。

表2.129　XZQ128查布温泉化学成分　　　　（单位：mg/L）

T_s/℃	pH	TDS	Na$^+$	K$^+$	Ca^{2+}	Mg^{2+}
71	7.53	1950.27	400.91	44.7	20.97	2.45
Li	Rb	Cs	NH$_4^+$	CO$_3^{2-}$	HCO$_3^-$	SO$_4^{2-}$
7.94	nd.	nd.	0.04	nd.	669.48	78.28
Cl$^-$	F$^-$	CO$_2$	SiO$_2$	HBO$_2$	As	化学类型
278.25	9.91	na.	239.22	197.19	2.44	HCO$_3$·Cl-Na

开发利用：未见开发利用，交通条件较差。

XZQ129 查布温泉

位置：日喀则市谢通门县查布乡，海拔4740m。

概况：温度56.2℃，地层属γ_6，台地以硅华为主，钙华较少，泉口沉积物为硅华。

水化学成分：2009年4月考察时取样测试（表2.130）。

表2.130　XZQ129查布温泉化学成分　　　　（单位：mg/L）

T_s/℃	pH	TDS	Na$^+$	K$^+$	Ca^{2+}	Mg^{2+}
56.2	7.28	1932.99	359.6	51.48	5.64	2.45

续表

Li	Rb	Cs	NH$_4^+$	CO$_3^{2-}$	HCO$_3^-$	SO$_4^{2-}$
8.1	nd.	nd.	0.02	nd.	576.78	86.01

Cl$^-$	F$^-$	CO$_2$	SiO$_2$	HBO$_2$	As	化学类型
265.54	9.36	na.	368.29	197.19	1.95	HCO$_3$·Cl–Na

开发利用：未见开发利用，交通条件较差。

XZQ130 查布温泉

位置：日喀则市谢通门县查布乡，海拔4741m。

概况：温度52.2℃，地层属γ$_6$，台地以硅华为主，钙华较少，泉口沉积物为硅华。

水化学成分：2009年4月考察时取样测试（表2.131）。

表2.131　XZQ130查布温泉化学成分　　　　（单位：mg/L）

T_S/℃	pH	TDS	Na$^+$	K$^+$	Ca^{2+}	Mg^{2+}
52.2	6.82	1509.97	301.6	28.78	18.55	2.45

Li	Rb	Cs	NH$_4^+$	CO$_3^{2-}$	HCO$_3^-$	SO$_4^{2-}$
5.99	nd.	nd.	<0.02	nd.	481.51	67.01

Cl$^-$	F$^-$	CO$_2$	SiO$_2$	HBO$_2$	As	化学类型
190.56	7.83	na.	254.66	149.28	2.11	HCO$_3$·Cl–Na

开发利用：未见开发利用，交通条件较差。

XZQ131 查布温泉

位置：日喀则市谢通门县查布乡，海拔4744m。

概况：温度53℃，地层属γ$_6$，台地以硅华为主，钙华较少，泉口沉积物为硅华。

水化学成分：2009年4月考察时取样测试（表2.132）。

表2.132　XZQ131查布温泉化学成分　　　　（单位：mg/L）

T_S/℃	pH	TDS	Na$^+$	K$^+$	Ca^{2+}	Mg^{2+}
53	7	2018.24	374.36	53.68	25	4.4

Li	Rb	Cs	NH$_4^+$	CO$_3^{2-}$	HCO$_3^-$	SO$_4^{2-}$
7.57	nd.	nd.	<0.02	nd.	617.98	87.94

Cl$^-$	F$^-$	CO$_2$	SiO$_2$	HBO$_2$	As	化学类型
263.42	9.4	na.	375.09	197.19	2.25	HCO$_3$·Cl–Na

开发利用：泉水未见开发利用，交通条件较差。

XZQ132 查布温泉

位置： 日喀则市谢通门县查布乡，海拔4748m。

概况： 温度68.6℃，地层属γ_6，台地以硅华为主，钙华较少，泉口沉积物为硅华。

水化学成分： 2009年4月考察时取样测试（表2.133）。

表2.133　XZQ132查布温泉化学成分　　　（单位：mg/L）

T_s/℃	pH	TDS	Na^+	K^+	Ca^{2+}	Mg^{2+}
68.6	7.38	1929.03	390	42	4.03	2.2
Li	Rb	Cs	NH_4^+	CO_3^{2-}	HCO_3^-	SO_4^{2-}
7.49	nd.	nd.	0.04	nd.	569.06	79.24
Cl^-	F^-	CO_2	SiO_2	HBO_2	As	化学类型
271.9	9.96	na.	362.15	189.82	2.7	$HCO_3 \cdot Cl-Na$

开发利用：未见开发利用，交通条件较差。

XZQ133 查布温泉

位置： 日喀则市谢通门县查布乡，海拔4739m。

概况： 温度83.5℃，地层属γ_6，台地以硅华为主，钙华较少，泉口沉积物为硅华。

水化学成分： 2009年4月考察时取样测试（表2.134）。

表2.134　XZQ133查布温泉化学成分　　　（单位：mg/L）

T_s/℃	pH	TDS	Na^+	K^+	Ca^{2+}	Mg^{2+}
83.5	8.64	1890.83	410	51.08	1.21	0.98
Li	Rb	Cs	NH_4^+	CO_3^{2-}	HCO_3^-	SO_4^{2-}
8.51	nd.	nd.	0.2	101.3	388.81	83.11
Cl^-	F^-	CO_2	SiO_2	HBO_2	As	化学类型
285.1	10.6	na.	348.2	200.88	2.95	$HCO_3 \cdot Cl-Na$

开发利用：未见开发利用，交通条件较差。

XZQ134 查布温泉

位置： 日喀则市谢通门县查布乡，海拔4729m。

概况：温度74℃，地层属γ_6，台地以硅华为主，钙华较少，泉口沉积物为硅华。

水化学成分：2009年4月考察时取样测试（表2.135）。

表2.135 XZQ134查布温泉化学成分　　　　　　（单位：mg/L）

$T_S/℃$	pH	TDS	Na$^+$	K$^+$	Ca^{2+}	Mg^{2+}
74	7.7	1778.03	379.08	47.98	4.84	2.45
Li	Rb	Cs	NH$_4^+$	CO$_3^{2-}$	HCO$_3^-$	SO$_4^{2-}$
7.75	nd.	nd.	0.16	nd.	569.06	70.54
Cl$^-$	F$^-$	CO$_2$	SiO$_2$	HBO$_2$	As	化学类型
273.66	9.92	na.	222.11	189.82	2.77	HCO$_3$·Cl–Na

开发利用：未见开发利用，交通条件较差。

XZQ135 查布温泉

位置：日喀则市谢通门县查布乡，海拔4724m。

概况：温度77.8℃，地层属γ_6，台地以硅华为主，钙华较少，泉口沉积物为硅华。流量5.0L/s，交通条件较差。

水化学成分：2009年4月考察时取样测试（表2.136）。

表2.136 XZQ135查布温泉化学成分　　　　　　（单位：mg/L）

$T_S/℃$	pH	TDS	Na$^+$	K$^+$	Ca^{2+}	Mg^{2+}
77.8	8.24	1447.1	290.92	37.8	20.97	2.45
Li	Rb	Cs	NH$_4^+$	CO$_3^{2-}$	HCO$_3^-$	SO$_4^{2-}$
6.34	nd.	nd.	0.2	43.05	411.09	57.02
Cl$^-$	F$^-$	CO$_2$	SiO$_2$	HBO$_2$	As	化学类型
197.74	7.8	na.	217.26	152.96	1.98	HCO$_3$·Cl–Na

开发利用：未见开发利用。

XZQ136 查布温泉

位置：日喀则市谢通门县查布乡，海拔4713m。

概况：温度81.8℃，台地以硅华为主，钙华较少，泉口沉积物为硅华。流量5.3L/s，交通条件较差。

水化学成分：2009年4月考察时取样测试（表2.137）。

表2.137　XZQ136查布温泉化学成分　　　　　　（单位：mg/L）

T_S/℃	pH	TDS	Na$^+$	K$^+$	Ca^{2+}	Mg^{2+}
81.8	8.22	1462.95	303.06	33	18.55	1.47
Li	Rb	Cs	NH$_4^+$	CO$_3^{2-}$	HCO$_3^-$	SO$_4^{2-}$
6.32	nd.	nd.	0.2	30.39	448.04	58.95
Cl$^-$	F$^-$	CO$_2$	SiO$_2$	HBO$_2$	As	化学类型
206.22	8	na.	198.88	149.28	2.12	HCO$_3$·Cl-Na

开发利用：未见开发利用。

XZQ137 查布温泉

位置： 日喀则谢通门县查布乡，海拔4713m。

概况： 温度78.4℃，台地以硅华为主，钙华较少，泉口沉积物为硅华。流量4.8L/s，交通条件较差。

水化学成分： 2009年4月考察时取样测试（表2.138）。

表2.138　XZQ137查布温泉化学成分　　　　　　（单位：mg/L）

T_S/℃	pH	TDS	Na$^+$	K$^+$	Ca^{2+}	Mg^{2+}
78.4	7.53	1727.63	357.6	44.42	21.77	1.47
Li	Rb	Cs	NH$_4^+$	CO$_3^{2-}$	HCO$_3^-$	SO$_4^{2-}$
7.52	nd.	nd.	0.04	nd.	553.61	80.21
Cl$^-$	F$^-$	CO$_2$	SiO$_2$	HBO$_2$	As	化学类型
247.18	9.1	na.	225.29	178.77	2.48	HCO$_3$·Cl-Na

开发利用：未见开发利用。

XZQ138 查布温泉

位置： 日喀则谢通门县查布乡，海拔4703m。

概况： 温度77.8℃，地层属γ_6，台地以硅华为主，钙华较少，泉口沉积物为硅华。

水化学成分： 2009年4月考察时取样测试（表2.139）。

表2.139　XZQ138查布温泉化学成分　　　　　　（单位：mg/L）

T_S/℃	pH	TDS	Na$^+$	K$^+$	Ca^{2+}	Mg^{2+}
77.8	8.2	1477.09	305.2	36.6	13.71	6.36

Li	Rb	Cs	NH_4^+	CO_3^{2-}	HCO_3^-	SO_4^{2-}
6.42	nd.	nd.	0.3	32.92	432.59	66.68

Cl^-	F^-	CO_2	SiO_2	HBO_2	As	化学类型
197.74	7.6	na.	224.5	145.59	2	$HCO_3 \cdot Cl-Na$

开发利用: 未见开发利用,交通条件较差。

XZQ139 卡嘎温泉(代表4个温泉)

位置: 日喀则市谢通门县卡嘎乡,海拔3956m。

概况: 温度58.6℃,流量0.6L/s,泉口附近的地层为花岗岩类(图2.62)。

水化学成分: 2007年10月考察时取样测试(表2.140)。

表2.140　XZQ139卡嘎温泉化学成分　　　　　(单位:mg/L)

T_S/℃	pH	TDS	Na^+	K^+	Ca^{2+}	Mg^{2+}
58.2	9.3	345.82	92.78	1.33	3.25	nd.

Li	Rb	Cs	NH_4^+	CO_3^{2-}	HCO_3^-	SO_4^{2-}
0.175	na.	na.	<0.02	32.73	44.37	53.14

Cl^-	F^-	CO_2	SiO_2	HBO_2	As	化学类型
32.06	8	na.	55.19	22.27	0.01	$SO_4 \cdot CO_3-Na$

开发利用: 2006年6月开发,建筑面积500m²,投资210万元,年接待18000人左右,温泉度假村还饲养有热带鱼,交通条件为简易乡间路。

图2.62　卡嘎温泉(XZQ139)

图2.63　卡嘎温泉(XZQ140)

XZQ140 卡嘎温泉

位置：日喀则市谢通门县卡嘎乡，海拔3956m。

概况：温度44.3℃，流量2.1L/s，泉口属于花岗岩类（图2.63）。

开发利用：当地百姓主要用于洗涤青稞，沐浴次之。交通条件为简易乡间路。

XZQ141 卡嘎温泉

位置：日喀则市谢通门县卡嘎乡，海拔3955m。

概况：温度56.3℃。泉口出露地层属于花岗岩类，流量2.1L/s，交通条件为简易乡间路。

XZQ142 卡嘎温泉

位置：日喀则市谢通门县卡嘎乡，海拔3955m。

概况：温度60.2℃。泉口出露地层属于花岗岩类。流量4.3L/s（图2.64）。

开发利用：洗浴、民用池12m²，交通条件为简易乡间路。

图 2.64　卡嘎温泉（XZQ142）

图 2.65　芒热温泉（XZQ143）

XZQ143 芒热温泉（代表23个温泉）

位置：西藏日喀则市南木林县芒热乡，海拔4729m。

概况：泉口温度70.3℃，地层属古近系、新近系，泉口沉积物硅华，流量10L/s，交通条件较差（自G318国道有70km左右）（图2.65）。

水化学成分：2008年11月考察时取样测试（表2.141）。

表2.141　XZQ143芒热温泉化学成分　　　　（单位：mg/L）

T_s/℃	pH	TDS	Na$^+$	K$^+$	Ca^{2+}	Mg^{2+}
70.3	8.7	2000.7	423.86	71.36	0.82	4.5
Li	Rb	Cs	NH$_4^+$	CO$_3^{2-}$	HCO$_3^-$	SO$_4^{2-}$
7.1	nd.	nd.	0.8	102.46	151.3	177.94
Cl$^-$	F$^-$	CO$_2$	SiO$_2$	HBO$_2$	As	化学类型
406.58	14.67	na.	122.62	513.84	1.607	Cl-Na

开发利用：开发利用现状主要为洗衣、洗浴。

XZQ144 芒热温泉

位置：西藏日喀则南木林县芒热乡，海拔4699m。

概况：泉口温度83.2℃，泉口沉积物硅华，流量5.0L/s。

水化学成分：2008年11月考察时取样测试（表2.142）。

表2.142　XZQ144芒热温泉化学成分　　　　（单位：mg/L）

T_s/℃	pH	TDS	Na$^+$	K$^+$	Ca^{2+}	Mg^{2+}
83.2	8.72	2255.76	432.92	60.89	3.3	4.25
Li	Rb	Cs	NH$_4^+$	CO$_3^{2-}$	HCO$_3^-$	SO$_4^{2-}$
6.45	nd.	nd.	1.06	150.02	85.57	176.95
Cl$^-$	F$^-$	CO$_2$	SiO$_2$	HBO$_2$	As	化学类型
415.02	15.17	na.	402.66	499.76	2.496	Cl-Na

开发利用：未开发，交通条件较差。

图2.66　芒热温泉(XZQ145)

XZQ145 芒热温泉

位置：西藏日喀则市南木林县芒热乡，海拔4700m。

概况：泉口温度84℃，泉口沉积物硅华，流量12L/s（图2.66）。

水化学成分：2008年11月考察时取样测试（表2.143）。

表2.143　XZQ145芒热温泉化学成分　　　　（单位：mg/L）

$T_S/℃$	pH	TDS	Na^+	K^+	Ca^{2+}	Mg^{2+}
84	9.1	1966.43	442.8	60.02	6.6	3.5
Li	Rb	Cs	NH_4^+	CO_3^{2-}	HCO_3^-	SO_4^{2-}
6.12	nd.	nd.	0.96	202.47	nd.	177.94
Cl^-	F^-	CO_2	SiO_2	HBO_2	As	化学类型
410.8	14.67	na.	125.08	501.87	1.98	$Cl \cdot CO_3-Na$

开发利用： 未开发，交通条件较差。

XZQ146 芒热温泉

位置： 西藏日喀则市南木林县芒热乡，海拔4694m（图2.67）。

概况： 泉口温度80℃，泉口沉积物硅华，流量9L/s。

水化学成分： 2008年11月考察时取样测试（表2.144）。

表2.144　XZQ146芒热温泉化学成分　　　　（单位：mg/L）

$T_S/℃$	pH	TDS	Na^+	K^+	Ca^{2+}	Mg^{2+}
80	8.67	2320.03	432.1	68.91	1.65	4
Li	Rb	Cs	NH_4^+	CO_3^{2-}	HCO_3^-	SO_4^{2-}
6.25	nd.	nd.	1.3	112.21	141.38	172
Cl^-	F^-	CO_2	SiO_2	HBO_2	As	化学类型
412.21	15	na.	447.47	502.27	2.123	$Cl-Na$

开发利用： 未开发，交通条件较差。

图 2.67　芒热温泉（XZQ146）

图 2.68　芒热温泉（XZQ147）

XZQ147 芒热温泉

位置：日喀则市南木林县芒热乡，海拔4717m。

概况：温度78.6℃，台地以硅华为主，钙华较少，泉口沉积物为硅华。流量0.080L/s，交通条件较差（图2.68）。

水化学成分：2009年5月考察时取样测试（表2.145）。

表2.145　XZQ147芒热温泉化学成分　　　　　（单位：mg/L）

$T_s/℃$	pH	TDS	Na^+	K^+	Ca^{2+}	Mg^{2+}
78.6	9	2228.89	418.93	64.75	3.23	2.93
Li	Rb	Cs	NH_4^+	CO_3^{2-}	HCO_3^-	SO_4^{2-}
6.69	nd.	nd.	0.44	167.14	25.75	154.62
Cl^-	F^-	CO_2	SiO_2	HBO_2	As	化学类型
397.12	13.08	na.	463.66	508.2	5.78	$Cl \cdot CO_3-Na$

开发利用：未见开发利用。

XZQ148 芒热温泉

位置：日喀则市南木林县芒热乡，海拔4717m。

概况：温度73.2℃，台地以硅华为主，钙华较少，泉口沉积物为硅华。

水化学成分：2009年5月考察时取样测试（表2.146）。

表2.146　XZQ148芒热温泉化学成分　　　　　（单位：mg/L）

$T_s/℃$	pH	TDS	Na^+	K^+	Ca^{2+}	Mg^{2+}
73.2	9.02	2250.59	410.08	60.03	3.23	4.4
Li	Rb	Cs	NH_4^+	CO_3^{2-}	HCO_3^-	SO_4^{2-}
6.76	nd.	nd.	0.36	192.46	2.57	150.1
Cl^-	F^-	CO_2	SiO_2	HBO_2	As	化学类型
406.68	14.21	na.	490.78	505.76	6.252	$Cl \cdot CO_3-Na$

开发利用：未见开发利用，交通条件较差。

XZQ149 芒热温泉

位置：日喀则市南木林县芒热乡，海拔4716m。

概况：温度81.6℃，台地以硅华为主，钙华较少，泉口沉积物为硅华。

水化学成分：2009年5月考察时取样测试（表2.147）。

表2.147　XZQ149芒热温泉化学成分　　　　　　（单位：mg/L）

T_s/℃	pH	TDS	Na$^+$	K$^+$	Ca^{2+}	Mg^{2+}
81.6	8.32	2090.4	390	49.9	5.64	4.4
Li	Rb	Cs	NH$_4^+$	CO$_3^{2-}$	HCO$_3^-$	SO$_4^{2-}$
5.77	nd.	nd.	0.36	60.78	198.27	185.54
Cl$^-$	F$^-$	CO$_2$	SiO$_2$	HBO$_2$	As	化学类型
353.91	13.08	na.	370.16	450.93	6	Cl-Na

开发利用：泉水未见开发利用，交通条件较差。

XZQ150 芒热温泉

位置：日喀则市南木林县芒热乡，海拔4727m。

概况：温度63.6℃，台地以硅华为主，钙华较少，泉口沉积物为硅华。

水化学成分：2009年5月考察时取样测试（表2.148）。

表2.148　XZQ150芒热温泉化学成分　　　　　　（单位：mg/L）

T_s/℃	pH	TDS	Na$^+$	K$^+$	Ca^{2+}	Mg^{2+}
63.6	8.2	2817.48	498.99	87.27	9.68	3.42
Li	Rb	Cs	NH$_4^+$	CO$_3^{2-}$	HCO$_3^-$	SO$_4^{2-}$
9.25	nd.	nd.	0.1	7.6	424.86	182.64
Cl$^-$	F$^-$	CO$_2$	SiO$_2$	HBO$_2$	As	化学类型
532.42	17.5	na.	360.92	678.08	6.759	Cl·HCO$_3$-Na

开发利用：未见开发利用，交通条件较差。

XZQ151 芒热温泉

位置：日喀则市南木林县芒热乡，海拔4725m。

概况：温度72.6℃，台地以硅华为主，钙华较少，泉口沉积物为硅华。

水化学成分：2009年5月考察时取样测试（表2.149）。

表2.149　XZQ151芒热温泉化学成分　　　　　　　　（单位：mg/L）

T_S/℃	pH	TDS	Na⁺	K⁺	Ca²⁺	Mg²⁺
72.6	8.52	2242.91	412.13	39.7	4.84	3.91
Li	Rb	Cs	NH₄⁺	CO₃²⁻	HCO₃⁻	SO₄²⁻
7.19	nd.	nd.	0.2	86.1	167.37	183.61
Cl⁻	F⁻	CO₂	SiO₂	HBO₂	As	化学类型
410.65	14.5	na.	388.46	520.28	5.98	Cl·HCO₃–Na

开发利用：未见开发利用，流量0.504m³/h，交通条件较差。

图 2.69　芒热温泉（XZQ152)

XZQ152 芒热温泉

位置：日喀则市南木林县芒热乡，海拔4723m。

概况：温度70.6℃，台地以硅华为主，钙华较少，泉口沉积物为硅华，泉口地质环境为近东西向断裂（图2.69）。

水化学成分：2009年5月考察时取样测试（表2.150）。

表2.150　XZQ152芒热温泉化学成分　　　　　　　　（单位：mg/L）

T_S/℃	pH	TDS	Na⁺	K⁺	Ca²⁺	Mg²⁺
70.6	8.22	2376.35	402.13	56.93	6.45	4.89
Li	Rb	Cs	NH₄⁺	CO₃²⁻	HCO₃⁻	SO₄²⁻
6.55	nd.	nd.	0.1	10.13	363.06	166.21
Cl⁻	F⁻	CO₂	SiO₂	HBO₂	As	化学类型
382.28	14	na.	473.24	486.54	5.882	Cl·HCO₃–Na

开发利用：未见开发利用，交通条件较差。

XZQ153 芒热温泉

位置：日喀则市南木林县芒热乡，海拔4725m。

概况：温度78℃，台地以硅华为主，钙华较少，泉口沉积物为硅华（图2.70）。

水化学成分：2009年5月考察时取样测试（表2.151）。

表2.151　XZQ153芒热温泉化学成分　　　　（单位：mg/L）

$T_S/℃$	pH	TDS	Na^+	K^+	Ca^{2+}	Mg^{2+}
78	8.25	1648.83	288.38	42.5	20.16	1.96
Li	Rb	Cs	NH_4^+	CO_3^{2-}	HCO_3^-	SO_4^{2-}
4.16	nd.	nd.	6.2	27.86	110.72	251.25
Cl^-	F^-	CO_2	SiO_2	HBO_2	As	化学类型
256.84	8.8	na.	287.96	339.1	4.955	$Cl·SO_4-Na$

开发利用：未见开发利用，交通条件较差。

图2.70　芒热温泉（XZQ153）

图2.71　芒热温泉（XZQ154）

XZQ154 芒热温泉

位置：日喀则市南木林县芒热乡，海拔4725m。

概况：温度74.4℃，台地以硅华为主，钙华较少，泉口沉积物为硅华（图2.71）。

水化学成分：2009年5月考察时取样测试（表2.152）。

表2.152　XZQ154芒热温泉化学成分　　　　（单位：mg/L）

$T_S/℃$	pH	TDS	Na^+	K^+	Ca^{2+}	Mg^{2+}
74.4	8.68	2309.34	422.18	61.38	2.42	3.42
Li	Rb	Cs	NH_4^+	CO_3^{2-}	HCO_3^-	SO_4^{2-}
6.65	nd.	nd.	0.38	149.41	84.97	173.95
Cl^-	F^-	CO_2	SiO_2	HBO_2	As	化学类型
394.23	13.6	na.	494.08	501.28	5.64	$Cl-Na$

开发利用：未见开发利用，交通条件较差。

XZQ155 芒热温泉

位置：日喀则市南木林县芒热乡，海拔4722m。

概况：温度73.4℃，台地以硅华为主，钙华较少，泉口沉积物为硅华（图2.72）。

水化学成分：2009年5月考察时取样测试（表2.153）。

表2.153　XZQ155芒热温泉化学成分　　　　　（单位：mg/L）

$T_s/℃$	pH	TDS	Na^+	K^+	Ca^{2+}	Mg^{2+}
73.4	8.62	2393.91	439.45	63.5	6.46	1.47
Li	Rb	Cs	NH_4^+	CO_3^{2-}	HCO_3^-	SO_4^{2-}
6.76	nd.	nd.	0.38	83.57	221.44	173.95
Cl^-	F^-	CO_2	SiO_2	HBO_2	As	化学类型
400.2	14	na.	469.52	510.78	5.985	Cl–Na

开发利用：未见开发利用，交通条件较差。

图2.72　芒热温泉（XZQ155）

图2.73　芒热温泉（XZQ156）

XZQ156 芒热温泉

位置：日喀则市南木林县芒热乡，海拔4710m。

概况：温度71.4℃，台地以硅华为主，钙华较少，泉口沉积物为硅华。流量0.0792m³/h，交通条件较差（图2.73）。

水化学成分：2009年5月考察时取样测试（表2.154）。

表2.154　XZQ156芒热温泉化学成分　　　　　（单位：mg/L）

$T_S/℃$	pH	TDS	Na⁺	K⁺	Ca²⁺	Mg²⁺
71.4	8.91	2243.92	407.83	59.89	5.64	1.96
Li	Rb	Cs	NH_4^+	CO_3^{2-}	HCO_3^-	SO_4^{2-}
6.19	nd.	nd.	0.44	167.14	394.23	172.01
Cl^-	F^-	CO_2	SiO_2	HBO_2	As	化学类型
394.23	14.4	na.	492.18	501.98	6.001	$Cl·CO_3-Na$

开发利用：未见开发利用。

XZQ157 芒热温泉

位置： 日喀则市南木林县芒热乡，海拔4707m。

概况： 温度79.8℃，台地以硅华为主，钙华较少，泉口沉积物为硅华。流量0.1L/s，交通条件较差。

水化学成分： 2009年5月考察时取样测试（表2.155）。

表2.155　XZQ157芒热温泉化学成分　　　　　（单位：mg/L）

$T_S/℃$	pH	TDS	Na⁺	K⁺	Ca²⁺	Mg²⁺
79.8	9	2235.38	411.58	55.98	6.45	2.45
Li	Rb	Cs	NH_4^+	CO_3^{2-}	HCO_3^-	SO_4^{2-}
6.97	nd.	nd.	0.38	192.46	5.06	166.21
Cl^-	F^-	CO_2	SiO_2	HBO_2	As	化学类型
391.24	13.8	na.	494.68	486.54	6.252	$Cl·CO_3-Na$

开发利用：未见开发利用。

XZQ158 芒热温泉

位置： 日喀则市南木林县芒热乡，海拔4710m。

概况： 温度77℃，台地以硅华为主，钙华较少，泉口沉积物为硅华（图2.74）。

水化学成分： 2009年5月考察时取样测试（表2.156）。

表2.156　XZQ158芒热温泉化学成分　　　　　（单位：mg/L）

$T_S/℃$	pH	TDS	Na⁺	K⁺	Ca²⁺	Mg²⁺
77	8.32	1314.79	238.2	30.29	14.52	0.98
Li	Rb	Cs	NH_4^+	CO_3^{2-}	HCO_3^-	SO_4^{2-}
3.49	nd.	nd.	1.2	30.39	74.67	152.69

Cl⁻	F⁻	CO₂	SiO₂	HBO₂	As	化学类型
235.19	7.2	na.	265.14	258.01	3.952	Cl·SO₄-Na

开发利用：未见开发利用，交通条件较差。

图2.74 芒热温泉（XZQ158）

图2.75 芒热间歇喷泉（XZQ159）

XZQ159 芒热间歇喷泉

位置：日喀则市南木林县芒热乡，海拔4699m。

概况：温度75.6℃，喷发时间为1分43秒，喷发高度8~15cm，照片是处于间歇期的泉口。台地以硅华为主，钙华较少，泉口沉积物为硅华（图2.75）。

水化学成分：2009年5月考察时取样测试（表2.157）。

表2.157 XZQ159芒热间歇喷泉化学成分 （单位：mg/L）

T_S/℃	pH	TDS	Na⁺	K⁺	Ca²⁺	Mg²⁺
75.6	8.73	1758.7	329.95	48.9	7.26	3.42
Li	Rb	Cs	NH₄⁺	CO₃²⁻	HCO₃⁻	SO₄²⁻
5.28	nd.	nd.	0.46	75.97	90.12	160.42
Cl⁻	F⁻	CO₂	SiO₂	HBO₂	As	化学类型
316.58	9.8	na.	365.08	342.29	4.952	Cl-Na

开发利用：未见开发利用，交通条件较差。

XZQ160 芒热温泉

位置：日喀则市南木林县芒热乡，海拔4700m。

概况：温度81.2℃，台地以硅华为主，钙华较少，泉口沉积物为硅华（图2.76）。

水化学成分：2009年5月考察时取样测试（表2.158）。

图2.76　芒热温泉（XZQ160）

表2.158　XZQ160芒热温泉化学成分 　　　　　（单位：mg/L）

$T_S/℃$	pH	TDS	Na^+	K^+	Ca^{2+}	Mg^{2+}
81.2	9	2299.33	424.5	60.9	4.03	3.42
Li	Rb	Cs	NH_4^+	CO_3^{2-}	HCO_3^-	SO_4^{2-}
6.77	nd.	nd.	0.4	194.99	7.6	166.21
Cl^-	F^-	CO_2	SiO_2	HBO_2	As	化学类型
395.75	14.2	na.	528.42	493.91	5.856	$Cl·CO_3-Na$

开发利用：未见开发利用，交通条件较差。

XZQ161 芒热温泉

位置：日喀则市南木林县芒热乡，海拔4706m。

概况：温度77.2℃，台地以硅华为主，钙华较少，泉口沉积物为硅华。 流量 16.747m³/h，交通条件较差。

水化学成分：2009年5月考察时取样测试（表2.159）。

表2.159　XZQ161芒热温泉化学成分 　　　　　（单位：mg/L）

$T_S/℃$	pH	TDS	Na^+	K^+	Ca^{2+}	Mg^{2+}
77.2	8.6	2294.69	433.55	59.48	4.03	2.45

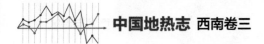

Li	Rb	Cs	NH$_4^+$	CO$_3^{2-}$	HCO$_3^-$	SO$_4^{2-}$
6.79	nd.	nd.	0.2	78.51	198.27	179.74

Cl$^-$	F$^-$	CO$_2$	SiO$_2$	HBO$_2$	As	化学类型
415.13	14.4	na.	411.68	486.54	5.921	Cl-Na

开发利用：未见开发利用。

XZQ162 芒热温泉

位置：日喀则市南木林县芒热乡，海拔4700m。

概况：温度74.2℃，台地以硅华为主，钙华较少，泉口沉积物为硅华。

水化学成分：2009年5月考察时取样测试（表2.160）。

表2.160　XZQ162芒热温泉化学成分　　　（单位：mg/L）

T_S/℃	pH	TDS	Na$^+$	K$^+$	Ca^{2+}	Mg^{2+}
74.2	8.92	2180.35	434.6	64.73	4.03	2.93

Li	Rb	Cs	NH$_4^+$	CO$_3^{2-}$	HCO$_3^-$	SO$_4^{2-}$
6.52	nd.	nd.	0.4	146.88	77.25	168.15

Cl$^-$	F$^-$	CO$_2$	SiO$_2$	HBO$_2$	As	化学类型
409.16	14.3	na.	486.76	361.22	5.742	Cl-Na

开发利用：未见开发利用，交通条件较差。

XZQ163 芒热温泉

位置：日喀则市南木林县芒热乡，海拔4701m。

概况：温度79.6℃，台地以硅华为主，钙华较少，泉口沉积物为硅华。

水化学成分：2009年5月考察时取样测试（表2.161）。

表2.161　XZQ163芒热温泉化学成分　　　（单位：mg/L）

T_S/℃	pH	TDS	Na$^+$	K$^+$	Ca^{2+}	Mg^{2+}
79.6	9	2248.91	402.13	61.13	4.84	3.42

Li	Rb	Cs	NH$_4^+$	CO$_3^{2-}$	HCO$_3^-$	SO$_4^{2-}$
6.8	nd.	nd.	0.56	194.99	2.52	162.35

Cl$^-$	F$^-$	CO$_2$	SiO$_2$	HBO$_2$	As	化学类型
392.73	13.89	na.	513.56	486.54	5.565	Cl·CO$_3$-Na

开发利用：未见开发利用，交通条件较差。

XZQ164 芒热温泉

位置：日喀则市南木林县芒热乡，海拔4701m。

概况：温度76℃，台地以硅华为主，钙华较少，泉口沉积物为硅华。

水化学成分：2009年5月考察时取样测试（表2.162）。

表2.162　XZQ164芒热温泉化学成分　　　　（单位：mg/L）

$T_s/℃$	pH	TDS	Na^+	K^+	Ca^{2+}	Mg^{2+}
76	8.21	2093.72	391.25	47.3	9.68	2.93
Li	Rb	Cs	NH_4^+	CO_3^{2-}	HCO_3^-	SO_4^{2-}
5.71	nd.	nd.	0.36	7.6	311.57	168.15
Cl^-	F^-	CO_2	SiO_2	HBO_2	As	化学类型
365.85	12	na.	305.72	464.42	5.458	$Cl·HCO_3-Na$

开发利用：未见开发利用，交通条件较差。

XZQ165 芒热温泉

位置：日喀则市南木林县芒热乡，海拔4710m。

概况：温度74.6℃，台地以硅华为主，钙华较少，泉口沉积物为硅华。

水化学成分：2009年5月考察时取样测试（表2.163）。

表2.163　XZQ165芒热温泉化学成分　　　　（单位：mg/L）

$T_s/℃$	pH	TDS	Na^+	K^+	Ca^{2+}	Mg^{2+}
74.6	8.6	2263.22	430.78	55.4	2.42	2.93
Li	Rb	Cs	NH_4^+	CO_3^{2-}	HCO_3^-	SO_4^{2-}
6.58	nd.	nd.	0.7	126.62	118.45	166.21
Cl^-	F^-	CO_2	SiO_2	HBO_2	As	化学类型
398.71	12.8	na.	453.78	486.54	5.745	$Cl·HCO_3-Na$

开发利用：未见开发利用，交通条件较差。

XZQ166 普堆温泉（代表两个温泉）

位置：日喀则市南木林县普当乡普堆，海拔4232m。

概况：温度60.6℃，地层属古近系、新近系，泉口沉积物为钙华，流量7.0L/s（图2.77）。

水化学成分：2008年5月考察时取样测试(表2.164)。

表2.164　XZQ166普堆温泉化学成分　　　　　（单位：mg/L）

T_S/℃	pH	TDS	Na$^+$	K$^+$	Ca^{2+}	Mg^{2+}
60.6	7.01	1112	248.5	35.9	58.58	9.82
Li	Rb	Cs	NH$_4^+$	CO$_3^{2-}$	HCO$_3^-$	SO$_4^{2-}$
na.	nd.	nd.	0.2	nd.	659.8	60
Cl$^-$	F$^-$	CO$_2$	SiO$_2$	HBO$_2$	As	化学类型
45.7	5	na.	147.17	na.	7.5	HCO$_3$·Cl–Na

开发利用：以前为医疗保健洗浴，现已废弃（泉水中有红色细虫，据当地百姓说可以治病）。

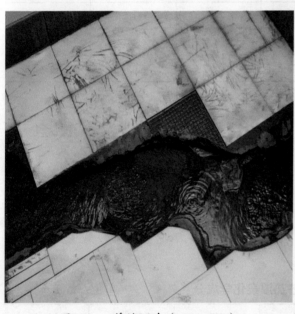

图2.77　普堆温泉（XZQ166）

图2.78　普堆温泉（XZQ167）

XZQ167 普堆温泉

位置：日喀则市南木林县普当乡普堆，海拔4250m。

概况：温度48.2℃，地层属古近系、新近系，泉域面积0.5km^2（图2.78）。

水化学成分：2008年5月考察时取样测试（表2.165）。

表2.165　XZQ167普堆温泉化学成分　　　　　（单位：mg/L）

T_S/℃	pH	TDS	Na$^+$	K$^+$	Ca^{2+}	Mg^{2+}
48.2	7.02	1174	250.1	36.6	69.38	9.82

Li	Rb	Cs	NH$_4^+$	CO$_3^{2-}$	HCO$_3^-$	SO$_4^{2-}$
na.	nd.	nd.	0.4	nd.	677.8	55

Cl$^-$	F$^-$	CO$_2$	SiO$_2$	HBO$_2$	As	化学类型
148.1	4	na.	121.04	na.	0.087	HCO$_3$·Cl–Na

开发利用： 以前为医疗保健洗浴，现已废弃（泉水中有红色细虫）。

XZQ168 那曲温泉

位置： 那曲地区那曲镇，海拔4508m。

概况： 泉口温度76℃，流量15.0L/s，交通条件为良好（图2.79）。

水化学成分： 2008年5月考察时取样测试（表2.166）。

图 2.79 那曲温泉

表2.166 XZQ168那曲温泉化学成分 （单位：mg/L）

T_S/℃	pH	TDS	Na$^+$	K$^+$	Ca^{2+}	Mg^{2+}
76	7.73	2835	994.5	32.5	25.44	5.14

Li	Rb	Cs	NH$_4^+$	CO$_3^{2-}$	HCO$_3^-$	SO$_4^{2-}$
na.	nd.	nd.	nd.	75.36	2065.53	100

Cl$^-$	F$^-$	CO$_2$	SiO$_2$	HBO$_2$	As	化学类型
215.06	3	na.	130.07	na.	0.049	HCO$_3$–Na

XZQ169 罗马温泉（代表3个温泉）

位置： 西藏那曲地区那曲县罗马镇，海拔4537m。

概况：泉口温度42℃，热泉，流量92.24m³/h，泉域面积0.03km²，泉口沉积物为钙华。该泉处在G109国道（青藏公路）东边、罗马镇南面直线距离3km处。除该泉口外，在此泉北边和西边还有两个温泉露头，温度分别为37℃和40℃。交通条件较好，至泉口有乡村简易路（图2.80）。

水化学成分：2008年5月考察时取样测试（表2.167）。

表2.167　XZQ169罗马温泉化学成分　　　　　（单位：mg/L）

T_s/℃	pH	TDS	Na⁺	K⁺	Ca²⁺	Mg²⁺
42	6.79	2189	486.75	35.9	114.08	14.26
Li	Rb	Cs	NH_4^+	CO_3^{2-}	HCO_3^-	SO_4^{2-}
na.	nd.	nd.	nd.	nd.	886.28	600
Cl⁻	F⁻	CO_2	SiO_2	HBO_2	As	化学类型
36.04	3	na.	90.66	na.	<0.01	$HCO_3 \cdot SO_4-Na$

开发利用：未开发利用，只是在夏天附近百姓前来洗衣、沐浴。

图 2.80　罗马温泉

图 2.81　脱马温泉

XZQ170 脱马温泉

位置：西藏那曲地区那曲县（脱马）拿日多村，海拔4651m。

概况：泉口温度51.2℃，流量 138.73m³/h，泉域面积0.4km²，泉口沉积物为钙质胶结的砂砾石层。温泉出露于河流左岸的坡地上，右岸为沼泽地，未开发利用，交通条件为良好，自G109国道沿乡村路向北行驶约10km即可达到（图2.81）。

水化学成分：2008年5月考察时取样测试（表2.168）。

表2.168 XZQ170脱马温泉化学成分 （单位：mg/L）

$T_S/℃$	pH	TDS	Na$^+$	K$^+$	Ca^{2+}	Mg^{2+}
51.2	7.16	1736	407.1	103.5	56.27	20.57
Li	Rb	Cs	NH$_4^+$	CO$_3^{2-}$	HCO$_3^-$	SO$_4^{2-}$
na.	nd.	nd.	nd.	nd.	1289.13	20
Cl$^-$	F$^-$	CO$_2$	SiO$_2$	HBO$_2$	As	化学类型
177.86	3.2	na.	65.41	na.	<0.01	HCO$_3$-Na

开发利用：开发利用现状主要为洗衣、洗浴。

XZQ171 桑雄温泉（代表2个温泉）

位置：西藏那曲地区那曲县桑雄镇香茂乡，海拔4726m。

概况：泉口温度31℃，泉域面积0.004km^2，泉口沉积物为钙质胶结碎块石。交通条件为良好，自G109国道沿乡村小路到泉口（图2.82）。

水化学成分：2008年5月考察时取样测试（表2.169）。

图 2.82 桑雄温泉

表2.169 XZQ171桑雄温泉化学成分 （单位：mg/L）

$T_S/℃$	pH	TDS	Na$^+$	K$^+$	Ca^{2+}	Mg^{2+}
31	7.32	491.5	112.6	10.2	47.02	3.27
Li	Rb	Cs	NH$_4^+$	CO$_3^{2-}$	HCO$_3^-$	SO$_4^{2-}$
na.	nd.	nd.	nd.	nd.	410.18	15.6
Cl$^-$	F$^-$	CO$_2$	SiO$_2$	HBO$_2$	As	化学类型
10.46	3.4	na.	40.57	na.	<0.01	HCO$_3$-Na

开发利用：医疗（平均每三天接待1～2人次）。

XZQ172 谷露温泉（代表5个温泉）

位置： 西藏那曲地区那曲县谷露镇地热显示区（距谷露镇10km），海拔4712m。

概况： 泉口温度101℃，地热显示区面积4km²，泉口沉积物主要为钙华，也可见硅华胶结物。交通条件较好，处在G109国道西边，南距古露镇约6km（图2.83）。

水化学成分： 2008年5月考察时取样测试（表2.170）。

表2.170　XZQ172谷露温泉化学成分　　　　（单位：mg/L）

T_s/℃	pH	TDS	Na⁺	K⁺	Ca²⁺	Mg²⁺
101	8.59	3322.5	977.7	138	nd.	nd.
Li	Rb	Cs	NH_4^+	CO_3^{2-}	HCO_3^-	SO_4^{2-}
na.	nd.	nd.	nd.	105.84	1122.92	60
Cl⁻	F⁻	CO_2	SiO_2	HBO_2	As	化学类型
837	3.2	na.	375.71	na.	3.9745	$Cl \cdot HCO_3-Na$

开发利用： 自然景观和洗浴（洗浴60人次/a，有废弃的洗浴房两间）。

图 2.83　谷露温泉（XZQ172）

图 2.84　谷露温泉（XZQ173）

XZQ173 谷露温泉

位置： 西藏那曲地区那曲县谷露镇地热显示区，海拔4711m。

概况： 泉口温度102℃，流量28.97m³/h（图2.84）。

水化学成分：2008年5月考察时取样测试（表2.171）。

表2.171　XZQ173谷露温泉化学成分　　　　　　（单位：mg/L）

$T_S/℃$	pH	TDS	Na^+	K^+	Ca^{2+}	Mg^{2+}
102	8.61	3328	1050.4	156	nd.	nd.
Li	Rb	Cs	NH_4^+	CO_3^{2-}	HCO_3^-	SO_4^{2-}
na.	nd.	nd.	nd.	150.72	1004.03	75
Cl^-	F^-	CO_2	SiO_2	HBO_2	As	化学类型
835.83	3.6	na.	393.04	na.	3.9772	$Cl·HCO_3-Na$

XZQ174 谷露温泉

位置：西藏那曲地区那曲县谷露镇地热显示区，海拔4705m。

概况：泉口温度115.3℃，流量 41.43m³/h（图2.85）。

水化学成分：2008年5月考察时取样测试（表2.172）。

图2.85　谷露温泉（XZQ174）

表2.172　XZQ174谷露温泉化学成分　　　　　　（单位：mg/L）

$T_S/℃$	pH	TDS	Na^+	K^+	Ca^{2+}	Mg^{2+}
115.3	8.89	3356.5	741.2	159	nd.	nd.
Li	Rb	Cs	NH_4^+	CO_3^{2-}	HCO_3^-	SO_4^{2-}
na.	nd.	nd.	0.3	20.78	885.15	40
Cl^-	F^-	CO_2	SiO_2	HBO_2	As	化学类型
835.83	3.2	na.	382.6	na.	7319	$Cl·HCO_3-Na$

开发利用：洗浴（洗浴60人次/a），交通条件为良好。

XZQ175 谷露温泉

位置：西藏那曲地区那曲县谷露镇地热显示区，海拔4708m。

概况：泉口温度109℃，泉口沉积物为钙华，流量0.73m³/h，交通条件为良好（图2.86）。

水化学成分：2008年5月考察时取样测试（表2.173）。

表2.173　XZQ175谷露温泉化学成分　　　　（单位：mg/L）

$T_S/℃$	pH	TDS	Na^+	K^+	Ca^{2+}	Mg^{2+}
109	8.49	3041	739.6	45	0.39	1.4
Li	Rb	Cs	NH_4^+	CO_3^{2-}	HCO_3^-	SO_4^{2-}
na.	nd.	nd.	nd.	27.98	893.04	45
Cl^-	F^-	CO_2	SiO_2	HBO_2	As	化学类型
755.62	3.2	na.	342.02	na.	2.3572	$Cl \cdot HCO_3-Na$

图 2.86　谷露温泉（XZQ175）

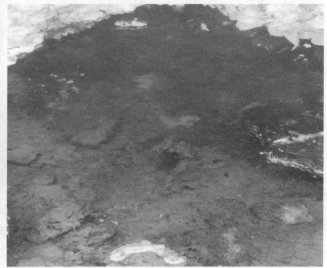

图 2.87　谷露温泉（XZQ176）

XZQ176 谷露温泉

位置：西藏那曲地区谷露镇地热显示区，海拔4493m。

概况：泉口温度92.4℃，泉域面积0.003km²，泉口沉积物为钙、硅质胶结岩，流量26.47m³/h，交通条件为良好（图2.87）。

水化学成分：2008年5月考察时取样测试（表2.174）。

表2.174　XZQ176谷露温泉化学成分　　　　（单位：mg/L）

$T_S/℃$	pH	TDS	Na^+	K^+	Ca^{2+}	Mg^{2+}
92.4	7.05	1253.5	297.5	36.6	57.04	8.41
Li	Rb	Cs	NH_4^+	CO_3^{2-}	HCO_3^-	SO_4^{2-}
na.	nd.	nd.	0.2	nd.	324.93	40

续表

Cl⁻	F⁻	CO₂	SiO₂	HBO₂	As	化学类型
403.39	2.4	na.	65.46	na.	2.3728	Cl·HCO₃–Na

XZQ177 雅安温泉（代表2个温泉）

位置： 西藏那曲地区巴青县雅安乡，海拔4155m。

概况： 泉口温度54.3℃，泉口地质环境为第四系坡积物，泉口沉积物钙华，流量9.19m³/h。交通条件较好，在G317国道边（图2.88）。

水化学成分： 2008年8月考察时取样测试（表2.175）。

表2.175　XZQ177雅安温泉化学成分　　　（单位：mg/L）

T_S/℃	pH	TDS	Na⁺	K⁺	Ca²⁺	Mg²⁺
54.3	6.8	2647.13	460.95	35.6	242.81	28.57
Li	Rb	Cs	NH₄⁺	CO₃²⁻	HCO₃⁻	SO₄²⁻
1.35	nd.	nd.	0.88	nd.	1031.3	462.26
Cl⁻	F⁻	CO₂	SiO₂	HBO₂	As	化学类型
236.81	3.2	na.	60.48	46.85	0.22	HCO₃·SO₄–Na·Ca

开发利用： 当地百姓洗浴，有2m×1m面积的洗浴池。

图2.88　雅安温泉（XZQ177）

图2.89　雅安温泉（XZQ178）

XZQ178 雅安温泉

位置： 西藏那曲地区巴青县雅安乡，海拔5146m。

概况：泉口温度54.6℃，泉口为第四系坡积物，泉口沉积物为钙华，流量4.476m³/h，无开发，交通条件较好，在G317国道边（图2.89）。

水化学成分：2008年8月考察时取样测试（表2.176）。

表2.176　XZQ178雅安温泉化学成分　　　　　（单位：mg/L）

T_s/℃	pH	TDS	Na^+	K^+	Ca^{2+}	Mg^{2+}
54.6	7.1	2575.82	457.58	31	230.76	15.47
Li	Rb	Cs	NH_4^+	CO_3^{2-}	HCO_3^-	SO_4^{2-}
1.25	nd.	nd.	1	nd.	1012.16	445.38
Cl^-	F^-	CO_2	SiO_2	HBO_2	As	化学类型
246.81	2.9	na.	61.62	41.65	0.21	$HCO_3 \cdot SO_4 - Na \cdot Ca$

XZQ179 木曲温泉（代表2个温泉）

图 2.90　木曲温泉（XZQ179）

位置：西藏那曲地区索县高口乡，海拔4206m。

概况：泉口温度57.8℃，泉口沉积物为钙质胶结的砂砾石，流量1.636m³/h。交通条件较好，有距离索县16km的乡村小路（图2.90）。

水化学成分：2008年9月考察时取样测试（表2.177）。

表2.177　XZQ179曲温泉化学成分　　　　　（单位：mg/L）

T_s/℃	pH	TDS	Na^+	K^+	Ca^{2+}	Mg^{2+}
57.8	7.3	2320.3	431.26	29.2	180.82	25
Li	Rb	Cs	NH_4^+	CO_3^{2-}	HCO_3^-	SO_4^{2-}
0.55	nd.	nd.	431.26	nd.	861.41	480.52
Cl^-	F^-	CO_2	SiO_2	HBO_2	As	化学类型
118.41	3.3	na.	70.5	25.16	0.15	$HCO_3 \cdot SO_4 - Na \cdot Ca$

开发利用：未开发。

XZQ180 木曲温泉

位置：西藏那曲地区索县高口乡，海拔4185m。

概况：泉口温度59.2℃，泉口沉积物为钙质胶结的砂砾石，流量4.476m³/h（图2.91）。

水化学成分：2008年9月考察时取样测试（表2.178）。

表2.178　XZQ180木曲温泉化学成分　　　　　　（单位：mg/L）

$T_S/℃$	pH	TDS	Na⁺	K⁺	Ca²⁺	Mg²⁺
59.2	7.23	2439.41	451.02	31.6	196.32	22.89
Li	Rb	Cs	NH₄⁺	CO₃²⁻	HCO₃⁻	SO₄²⁻
0.6	nd.	nd.	451.02	nd.	918.84	512
Cl⁻	F⁻	CO₂	SiO₂	HBO₂	As	化学类型
122.43	2.9	na.	70.59	19.96	0.19	HCO₃·SO₄–Na·Ca

开发利用：洗浴条件差，当地百姓偶尔过来洗浴，交通条件较好。

图 2.91　木曲温泉（XZQ180）

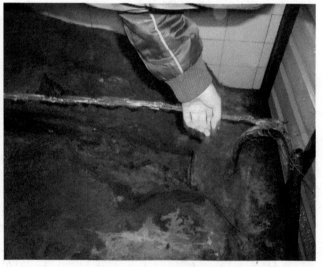

图 2.92　温果温泉

XZQ181 温果温泉

位置：西藏那曲地区索县，海拔3973m。

概况：泉口温度39.5℃，流量1.172m³/h。交通条件较好，在G317国道边（图2.92）。

水化学成分：2008年9月考察时取样测试（表2.179）。

表2.179　XZQ181温果温泉化学成分　　　（单位：mg/L）

T_s/℃	pH	TDS	Na$^+$	K$^+$	Ca^{2+}	Mg^{2+}
37.5	6.6	1764.57	240.24	10.1	145.93	59.29
Li	Rb	Cs	NH$_4^+$	CO$_3^{2-}$	HCO$_3^-$	SO$_4^{2-}$
0.45	nd.	nd.	1.6	nd.	787.24	400.35
Cl$^-$	F$^-$	CO$_2$	SiO$_2$	HBO$_2$	As	化学类型
25.6	2.7	na.	40.78	10.41	0.2	HCO$_3$·SO$_4$–Na·Ca

开发利用：有4m^{2}大小的洗浴间三间，洗浴人次不祥。

XZQ182 采达温泉（代表2个温泉）

图2.93　采达温泉（XZQ182）

位置：西藏那曲地区比如县采达，海拔4263m。

概况：泉口温度41℃，泉口为沼泽地，泉口沉积物为淤泥，流量0.797m^3/h。交通条件较好，在索县至比如的便道上（图2.93）。

水化学成分：2008年9月考察时取样测试（表2.180）。

表2.180　XZQ182采达温泉化学成分　　　（单位：mg/L）

T_s/℃	pH	TDS	Na$^+$	K$^+$	Ca^{2+}	Mg^{2+}
41	6.7	1578.3	263.65	24.49	69.25	32.27
Li	Rb	Cs	NH$_4^+$	CO$_3^{2-}$	HCO$_3^-$	SO$_4^{2-}$
4.1	nd.	nd.	3.5	nd.	894.91	68.23
Cl$^-$	F$^-$	CO$_2$	SiO$_2$	HBO$_2$	As	化学类型
93.4	4.2	na.	37	66.81	0.19	HCO$_3$–Na

XZQ183 采达温泉

位置：西藏那曲地区比如县采达乡，海拔4054m。

概况：泉口温度39℃，泉口处在坡积物的湿地中，泉口沉积物为淤泥，流量11.01m³/h，交通条件良好，在去比如县公路边上（图2.94）。

水化学成分：2008年9月考察时取样测试（表2.181）。

表2.181　XZQ183采达温泉化学成分　　　（单位：mg/L）

T_S/℃	pH	TDS	Na⁺	K⁺	Ca²⁺	Mg²⁺
39	7.31	1346.75	248.75	7.95	49.47	44.28
Li	Rb	Cs	NH₄⁺	CO₃²⁻	HCO₃⁻	SO₄²⁻
1.12	nd.	nd.	0.8	nd.	713.06	146.83
Cl⁻	F⁻	CO₂	SiO₂	HBO₂	As	化学类型
61.34	2.5	na.	27.16	23.43	0.09	HCO₃-Na

开发利用：阶梯式洗浴池三个，总面积约12m²。

图 2.94　采达温泉（XZQ183）

图 2.95　茶曲温泉（XZQ184）

XZQ184 茶曲温泉（代表2个温泉）

位置：西藏那曲地区比如县茶曲乡，海拔4046m。

概况：泉口温度57.6℃，泉口为钙质胶结砂砾岩，阶地边缘，泉口沉积物为砂砾石，流量68.79m³/h。交通条件良好，在前往比如县公路边上（图2.95）。

水化学成分：2008年9月考察时取样测试（表2.182）。

表2.182　XZQ184茶曲温泉化学成分　　　（单位：mg/L）

T_S/℃	pH	TDS	Na⁺	K⁺	Ca²⁺	Mg²⁺
57.6	8.26	3427.13	936	77.97	48.23	23.27

续表

Li	Rb	Cs	NH$_4^+$	CO$_3^{2-}$	HCO$_3^-$	SO$_4^{2-}$
10.18	nd.	nd.	7	25.89	916.45	195.78
Cl$^-$	F$^-$	CO$_2$	SiO$_2$	HBO$_2$	As	化学类型
1020.48	3.3	na.	64.21	63.34	0.33	Cl·HCO$_3$–Na

开发利用： 已建有洗浴水池，面积约60m^2。

XZQ185 茶曲温泉

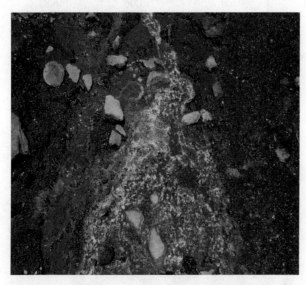

位置： 西藏那曲地区比如县茶曲乡，海拔4057m。

概况： 泉口温度60.8℃，泉口处在阶地边上，泉口沉积物为钙质胶结的砂砾岩，流量30.71m^3/h（图2.96）。

水化学成分： 2008年9月考察时取样测试（表2.183）。

图 2.96 茶曲温泉（XZQ185）

表2.183 XZQ185茶曲温泉化学成分 （单位：mg/L）

T_s/℃	pH	TDS	Na$^+$	K$^+$	Ca^{2+}	Mg^{2+}
60.8	7.4	3560.17	910.75	70.03	89.04	18.76
Li	Rb	Cs	NH$_4^+$	CO$_3^{2-}$	HCO$_3^-$	SO$_4^{2-}$
9.6	nd.	nd.	5	nd.	971.48	201.71
Cl$^-$	F$^-$	CO$_2$	SiO$_2$	HBO$_2$	As	化学类型
1016.23	2.8	na.	88.2	149.24	0.37	Cl–Na

开发利用： 未开发，在前往比如县公路边上，交通条件良好。

XZQ186 采桑温泉

位置： 西藏那曲地区比如县恰则乡，海拔4492m。

概况： 泉口温度70.5℃，泉口为构造破碎带，泉口沉积物为钙华，流量51.24m^3/h（图2.97）。

水化学成分：2008年9月考察时取样测试（表2.184）。

表2.184　XZQ186采桑温泉化学成分　　　　　　（单位：mg/L）

T_S/℃	pH	TDS	Na⁺	K⁺	Ca²⁺	Mg²⁺
70.5	7	1698.71	307.65	35.99	89.92	22.89
Li	Rb	Cs	NH₄⁺	CO₃²⁻	HCO₃⁻	SO₄²⁻
5.26	nd.	nd.	0.72	nd.	799.2	91.21
Cl⁻	F⁻	CO₂	SiO₂	HBO₂	As	化学类型
210.5	3.4	na.	65.87	53.8	0.21	HCO₃·Cl–Na

开发利用： 未开发，交通条件良好，在去比如县公路边上。

图 2.97　采桑温泉　　　　　　　　　图 2.98　下秋温泉（XZQ187）

XZQ187 下秋温泉（代表2个温泉）

位置： 西藏那曲地区比如县下秋卡镇，海拔4244m。

概况： 泉口温度46.4℃，流量5.47m³/h，泉口沉积物为钙华，通条件良好，在去比如县公路边上（图2.98）。

水化学成分：2008年9月考察时取样测试（表2.185）。

表2.185　XZQ187下秋温泉化学成分　　　　　　（单位：mg/L）

T_S/℃	pH	TDS	Na⁺	K⁺	Ca²⁺	Mg²⁺
46.4	7	1298.31	65.95	7.05	185.5	52.54
Li	Rb	Cs	NH₄⁺	CO₃²⁻	HCO₃⁻	SO₄²⁻
0.18	nd.	nd.	0.4	nd.	820.74	53.96

续表

Cl⁻	F⁻	CO₂	SiO₂	HBO₂	As	化学类型
47.4	1.7	na.	30.38	10.41	0.13	HCO₃–Ca·Mg

开发利用：有公共洗浴池一个（面积约2m²），人次不祥。

XZQ188 下秋温泉

位置：西藏那曲地区比如县下秋卡镇河流下游约8km处，海拔4217m。

概况：泉口温度38.6℃，泉口沉积物为钙华，流量1.85m³/h，交通条件良好，在去比如县公路边上（图2.99）。

水化学成分：2008年9月考察时取样测试（表2.186）。

表2.186　XZQ188下秋温泉化学成分　　　　　（单位：mg/L）

T_S/℃	pH	TDS	Na⁺	K⁺	Ca²⁺	Mg²⁺
38.6	6.82	3418.22	572.3	68.24	332.66	25.52
Li	Rb	Cs	NH₄⁺	CO₃²⁻	HCO₃⁻	SO₄²⁻
5	nd.	nd.	6.5	nd.	1555.33	87.51
Cl⁻	F⁻	CO₂	SiO₂	HBO₂	As	化学类型
624.52	2.9	na.	26.4	96.31	0.3	HCO₃·Cl–Na·Ca

图 2.99　下秋温泉（XZQ188）

图 2.100　玉寨温泉

XZQ189 玉寨温泉（代表10个温泉）

位置：那曲地区聂荣县尼玛乡玉寨，海拔4660m。

概况：温度50.6℃，流量0.155L/s，交通条件较好（图2.100）。

水化学成分：2009年5月考察时取样测试（表2.187）。

表2.187　XZQ189玉寨温泉化学成分　　　　　　（单位：mg/L）

T_s/℃	pH	TDS	Na$^+$	K$^+$	Ca^{2+}	Mg^{2+}
50.6	7.28	2648.34	537.8	84.6	49.99	24.81
Li	Rb	Cs	NH$_4^+$	CO$_3^{2-}$	HCO$_3^-$	SO$_4^{2-}$
0.572	nd.	nd.	0.04	na.	1701.7	54.47
Cl$^-$	F$^-$	CO$_2$	SiO$_2$	HBO$_2$	As	化学类型
35.84	2.8	na.	123.18	33.03	na.	HCO$_3$-Na

开发利用：未见开发利用。

XZQ190 玉寨温泉

位置：那曲地区聂荣县尼玛乡玉寨，海拔4654m。

概况：温度52.2℃，未见开发利用，流量0.022L/S，交通条件较差。

水化学成分：2009年5月考察时取样测试（表2.188）。

表2.188　XZQ190玉寨温泉化学成分　　　　　　（单位：mg/L）

T_s/℃	pH	TDS	Na$^+$	K$^+$	Ca^{2+}	Mg^{2+}
52.2	7.28	2648.34	537.8	84.6	49.99	24.81
Li	Rb	Cs	NH$_4^+$	CO$_3^{2-}$	HCO$_3^-$	SO$_4^{2-}$
na.	nd.	nd.	0.04	na.	1701.7	54.47
Cl$^-$	F$^-$	CO$_2$	SiO$_2$	HBO$_2$	As	化学类型
35.84	2.8	na.	123.18	33.03	na.	HCO$_3$-Na

XZQ191 玉寨温泉

位置：那曲地区聂荣县尼玛乡玉寨，海拔4646m。

概况：温度50℃，泉水未见开发利用，流量0.349L/S，交通条件较差。

水化学成分：2009年5月考察时取样测试（表2.189）。

表2.189　XZQ191玉寨温泉化学成分　　　　　　（单位：mg/L）

T_s/℃	pH	TDS	Na$^+$	K$^+$	Ca^{2+}	Mg^{2+}
50	7.01	2847.78	586.2	83.15	71.21	12.86
Li	Rb	Cs	NH$_4^+$	CO$_3^{2-}$	HCO$_3^-$	SO$_4^{2-}$
na.	nd.	nd.	<0.02	na.	1671.13	210.12
Cl$^-$	F$^-$	CO$_2$	SiO$_2$	HBO$_2$	As	化学类型
37.33	2.67	na.	128.52	44.52	na.	HCO$_3$-Na

XZQ192 玉寨温泉

位置：那曲地区聂荣县尼玛乡玉寨，海拔4650m。

概况：温度48.4℃，泉水未见开发利用，流量1.046L/s，交通条件较差。

水化学成分：2009年5月考察时取样测试（表2.190）。

表2.190　XZQ192玉寨温泉化学成分　　　（单位：mg/L）

$T_s/℃$	pH	TDS	Na^+	K^+	Ca^{2+}	Mg^{2+}
48.4	7.2	2271.73	543.7	86.48	56.06	41.34
Li	Rb	Cs	NH_4^+	CO_3^{2-}	HCO_3^-	SO_4^{2-}
na.	nd.	nd.	<0.02	na.	1711.89	130.72
Cl^-	F^-	CO_2	SiO_2	HBO_2	As	化学类型
37.33	2.7	na.	126.98	34.46	na.	HCO_3-Na

XZQ193 玉寨温泉

位置：那曲地区聂荣县尼玛乡玉寨，海拔4641m。

概况：温度47.8℃，泉水未见开发利用，流量0.828L/s，交通条件较差。

水化学成分：2009年5月考察时取样测试（表2.191）。

表2.191　XZQ193玉寨温泉化学成分　　　（单位：mg/L）

$T_s/℃$	pH	TDS	Na^+	K^+	Ca^{2+}	Mg^{2+}
47.8	7.3	2574.83	515.5	85.4	9.09	47.78
Li	Rb	Cs	NH_4^+	CO_3^{2-}	HCO_3^-	SO_4^{2-}
na.	nd.	nd.	0.02	na.	1681.32	36.31
Cl^-	F^-	CO_2	SiO_2	HBO_2	As	化学类型
35.84	2.72	na.	127.5	33.03	na.	HCO_3-Na

XZQ194 玉寨温泉

位置：那曲地区聂荣县尼玛乡玉寨，海拔4644m。

概况：温度46.2℃，泉水未见开发利用，流量0.454L/s，交通条件较差。

水化学成分：2009年5月考察时取样测试（表2.192）。

表2.192 XZQ194玉寨温泉化学成分 （单位：mg/L）

T_S/℃	pH	TDS	Na$^+$	K$^+$	Ca^{2+}	Mg^{2+}
46.2	7.4	2672.73	556.05	83.88	66.66	15.62
Li	Rb	Cs	NH$_4^+$	CO$_3^{2-}$	HCO$_3^-$	SO$_4^{2-}$
na.	nd.	nd.	<0.02	nd.	1722.08	25.42
Cl$^-$	F$^-$	CO$_2$	SiO$_2$	HBO$_2$	As	化学类型
37.33	2.68	na.	128.48	34.46	na.	HCO$_3$-Na

XZQ195 派乡温泉（代表3个温泉）

位置：西藏林芝市林芝县派乡，海拔3078m。

概况：泉口温度46.4℃。

水化学成分：2008年11月考察时取样测试（表2.193）。

表2.193 XZQ195派乡温泉化学成分 （单位：mg/L）

T_S/℃	pH	TDS	Na$^+$	K$^+$	Ca^{2+}	Mg^{2+}
46.4	8.23	631.53	86.14	4.21	89.09	6
Li	Rb	Cs	NH$_4^+$	CO$_3^{2-}$	HCO$_3^-$	SO$_4^{2-}$
na.	nd.	nd.	0.02	7.32	4.96	379.25
Cl$^-$	F$^-$	CO$_2$	SiO$_2$	HBO$_2$	As	化学类型
6.68	1.48	na.	40.18	5.98	0.052	SO$_4$-Ca·Na

开发利用：未开发，交通条件较差（图2.101）。

图2.101 派乡温泉（XZQ195）

图2.102 派乡温泉（XZQ196）

XZQ196 派乡温泉

位置： 西藏林芝市林芝县派乡，海拔3098m。

概况： 泉口温度47.8℃，泉口沉积物为钙华（图2.102）。

水化学成分： 2008年11月考察时取样测试（表2.194）。

表2.194　XZQ196派乡温泉化学成分　　　　（单位：mg/L）

T_s/℃	pH	TDS	Na$^+$	K$^+$	Ca^{2+}	Mg^{2+}
47.8	8.5	648.24	88.25	3.63	95.69	3
Li	Rb	Cs	NH$_4^+$	CO$_3^{2-}$	HCO$_3^-$	SO$_4^{2-}$
na.	nd.	nd.	0.02	9.76	3.72	387.51
Cl$^-$	F$^-$	CO$_2$	SiO$_2$	HBO$_2$	As	化学类型
7.39	1.56	na.	40.88	6.69	0.069	SO$_4$-Ca·Na

开发利用： 洗浴理疗、共建露天洗浴池三处，对肾、关节等方面疾病有一定疗效，交通条件较好。

图2.103　派乡温泉（XZQ197）

XZQ197 派乡温泉

位置： 西藏林芝市林芝县派乡，海拔3104m。

概况： 泉口温度48.2℃，交通条件较好（图2.103）。

水化学成分： 2008年11月考察时取样测试（表2.195）。

表2.195　XZQ197派乡温泉化学成分　　　　（单位：mg/L）

T_s/℃	pH	TDS	Na$^+$	K$^+$	Ca^{2+}	Mg^{2+}
48.2	8.7	647.06	88.35	3.73	95.78	2.51
Li	Rb	Cs	NH$_4^+$	CO$_3^{2-}$	HCO$_3^-$	SO$_4^{2-}$
0.09	nd.	nd.	0.04	8.54	4.96	387.51
Cl$^-$	F$^-$	CO$_2$	SiO$_2$	HBO$_2$	As	化学类型
7.73	1.52	na.	40.54	5.63	0.046	SO$_4$-Ca·Na

XZQ198 广朗温泉（代表8个温泉）

位置：林芝市林芝县雅江大峡谷广朗村，海拔1574m。

概况：温度69.2℃，泉口沉积物为钙华，流量12L/s，该泉出露于比较破碎的石灰岩中，石灰岩产状为倾向260°，倾角38°，交通条件非常差（图2.104）。

水化学成分：2009年3月考察时取样测试（表2.196）。

图2.104 广朗温泉（XZQ198）

表2.196 XZQ198广朗温泉化学成分 　（单位：mg/L）

T_S/℃	pH	TDS	Na^+	K^+	Ca^{2+}	Mg^{2+}
69.2	7.82	1383.49	252.9	22.1	43.55	21.52
Li	Rb	Cs	NH_4^+	CO_3^{2-}	HCO_3^-	SO_4^{2-}
na.	nd.	nd.	0.02	nd.	680.77	166.21
Cl^-	F^-	CO_2	SiO_2	HBO_2	As	化学类型
20.21	2.9	na.	138.37	34.71	<0.01	HCO_3-Na

图2.105 广朗温泉（XZQ199）

XZQ199 广朗温泉

位置：林芝市林芝县雅江大峡谷广朗村，海拔1578m。

概况：温度74.6℃，泉口沉积物为钙华、硅华，流量2L/s，交通条件非常差（图2.105）。

水化学成分：2009年3月考察时取样测试（表2.197）。

表2.197 XZQ199广朗温泉化学成分 　（单位：mg/L）

T_S/℃	pH	TDS	Na^+	K^+	Ca^{2+}	Mg^{2+}
74.6	7.9	1499.47	247.17	21.32	49.67	21.5
Li	Rb	Cs	NH_4^+	CO_3^{2-}	HCO_3^-	SO_4^{2-}
na.	nd.	nd.	0.12	nd.	672.91	165.89

Cl⁻	F⁻	CO₂	SiO₂	HBO₂	As	化学类型
23	2.85	na.	258.4	36.44	0.01	HCO₃–Na

XZQ200 广朗温泉

位置： 林芝市林芝县雅江大峡谷广朗村，海拔1594m。

概况： 温度74.6℃，泉口沉积物为钙华、硅华，流量7L/s，交通条件非常差（图2.106）。

水化学成分： 2009年3月考察时取样测试（表2.198）。

表2.198　XZQ200广朗温泉化学成分　　　　（单位：mg/L）

T_s/℃	pH	TDS	Na⁺	K⁺	Ca²⁺	Mg²⁺
74.6	7.85	1492.93	245.79	20.34	47.5	23.2
Li	Rb	Cs	NH₄⁺	CO₃²⁻	HCO₃⁻	SO₄²⁻
na.	nd.	nd.	0.04	nd.	670.3	174.82
Cl⁻	F⁻	CO₂	SiO₂	HBO₂	As	化学类型
21.59	2.8	na.	250	36.44	0.01	HCO₃–Na

图 2.106　广朗温泉（XZQ200）

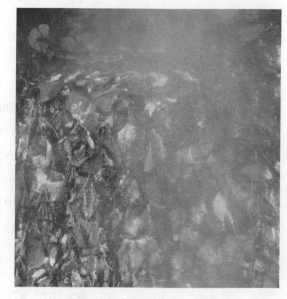

图 2.107　广朗温泉（XZQ201）

XZQ201 广朗温泉

位置： 林芝市雅江大峡谷广朗村，海拔1579m。

概况： 温度77.4℃，泉口沉积物为钙华、硅华，流量6L/s，交通条件非常差（图2.107）。

水化学成分：2009年3月考察时取样测试（表2.199）。

表2.199　XZQ201广朗温泉化学成分　　　　（单位：mg/L）

$T_s/℃$	pH	TDS	Na^+	K^+	Ca^{2+}	Mg^{2+}
77.4	7.78	1391.78	248.32	19.66	45.16	21.52
Li	Rb	Cs	NH_4^+	CO_3^{2-}	HCO_3^-	SO_4^{2-}
0.32	nd.	nd.	0.02	nd.	665.06	168.15
Cl^-	F^-	CO_2	SiO_2	HBO_2	As	化学类型
21.83	2.75	na.	161.01	38.18	0.01	HCO_3-Na

XZQ202 广朗温泉

位置：林芝市林芝县雅江大峡谷广朗村，海拔1590m。

概况：温度75.6℃，泉口沉积物为钙华，流量3L/s，交通条件非常差（图2.108）。

水化学成分：2009年3月考察时取样测试（表2.200）。

图 2.108　广朗温泉（XZQ202）

表2.200　XZQ202广朗温泉化学成分　　　　（单位：mg/L）

$T_s/℃$	pH	TDS	Na^+	K^+	Ca^{2+}	Mg^{2+}
75.6	7.82	1376.57	247.95	19.9	46.77	16.62
Li	Rb	Cs	NH_4^+	CO_3^{2-}	HCO_3^-	SO_4^{2-}
na.	nd.	nd.	0.02	nd.	665.06	162.35
Cl^-	F^-	CO_2	SiO_2	HBO_2	As	化学类型
22	2.9	na.	149	13.38	0.01	HCO_3-Na

XZQ203 广朗温泉

位置：林芝市林芝县雅江大峡谷广朗村，海拔1576m。

概况：温度44.2℃，泉口沉积物为钙华，流量5.5L/s。泉口附近的石灰岩直立且裂隙较发育像刀切似的，岩体走向近南北向。

水化学成分：2009年3月考察时取样测试（表2.201）。

表2.201　XZQ203广朗温泉化学成分　　　　　（单位：mg/L）

T_S/℃	pH	TDS	Na+	K+	Ca2+	Mg2+
44.2	7.88	1200.15	178.27	15.64	56.45	24.45
Li	Rb	Cs	NH4+	CO3²⁻	HCO3⁻	SO4²⁻
na.	nd.	nd.	0.02	nd.	570.8	139.16
Cl⁻	F⁻	CO2	SiO2	HBO2	As	化学类型
18.81	2.4	na.	168	26.03	0.01	HCO3-Na

开发利用：泉水用途为洗浴，交通条件非常差。

XZQ204 广朗温泉

位置：林芝市林芝县雅江大峡谷广朗村，海拔1566m。

概况：温度42.2℃，泉口沉积物为钙华，流量2L/s（图2.109）。

水化学成分：2009年3月考察时取样测试（表2.202）。

表2.202　XZQ204广朗温泉化学成分　　　　　（单位：mg/L）

T_S/℃	pH	TDS	Na+	K+	Ca2+	Mg2+
42.2	7.65	1113.1	146.86	13.37	74.19	22.5
Li	Rb	Cs	NH4+	CO3²⁻	HCO3⁻	SO4²⁻
na.	nd.	nd.	<0.02	nd.	521.05	154.62
Cl⁻	F⁻	CO2	SiO2	HBO2	As	化学类型
14.64	1.9	na.	143	20.82	0.01	HCO3·SO4-Na·Ca

开发利用：泉水用途为洗浴，交通条件非常差。

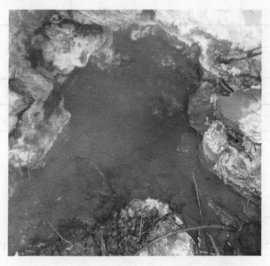

图2.109　广朗温泉（XZQ204）

图2.110　广朗温泉（XZQ205）

XZQ205 广朗温泉

位置：林芝县雅江大峡谷广朗村，海拔1615m。

概况：温度61.4℃，泉口处在第四纪砂砾石层中，流量12L/s，交通条件非常差（图2.110）。

水化学成分：2009年3月考察时取样测试（表2.203）。

表2.203　XZQ205广朗温泉化学成分　　　　（单位：mg/L）

T_s/℃	pH	TDS	Na^+	K^+	Ca^{2+}	Mg^{2+}
61.4	7.9	1446.15	194.48	35.2	106.45	26.41
Li	Rb	Cs	NH_4^+	CO_3^{2-}	HCO_3^-	SO_4^{2-}
na.	nd.	nd.	<0.02	nd.	261.84	575.16
Cl^-	F	CO_2	SiO_2	HBO_2	As	化学类型
12.71	1.4	na.	202.32	29.5	0.02	$HCO_3 \cdot SO_4 - Na \cdot Ca$

第三节　代表性地热井

XZJ001 羊八井ZK318

位置：羊八井地热发电一厂大门前，在一厂到二厂公路的西边，海拔4285m。

井深：311.21m。

孔径：开孔口径324mm，终孔口径118mm。

井内最高温度：120℃（1977年测得该井内最高温度在160m处）。

热储层特征：该孔中上部为第四纪浅黄、灰、灰白色砂砾石层，240m以下为灰色凝灰岩。35m以下蚀变明显，以高岭土化为主，局部有绿帘石化，基岩具娟云母、白云母化。

XZJ002 羊八井ZK316

位置：羊八井地热发电一厂附近，在地热发电一厂到地热发电二厂公路的东边，海拔4285m。

井深：42.59m。

开发利用：为减少环境污染，该孔在前两年作为地热发电尾水的回灌井。

XZJ003 羊八井ZK319

位置： 拉萨市当雄县羊八井地热田，海拔4288m。

井深： 156.93m。

孔径： 开孔井径470mm，终孔井径311mm。

井内最高温度： 161℃（测得该井内最高温度75m处）。

热储层特征： 1980年成井，该孔中上部为第四纪浅黄灰、灰色砂砾石及胶结砂砾石层，133m以下为深灰色凝灰岩。全孔蚀变，以绿泥石化、绿帘石化、白云母化为主，局部有硫化、碳酸盐化，偶见冰长石。热储工程测试结果为：汽水总量105.6t/h，蒸汽量6.63t/h，干度6.28%，发电潜力1174.8kW，渗透系数17.4m/d，汽化面深度79m。

开发利用： 该孔在前两年曾作为地热发电尾水的回灌井。

XZJ004 羊八井ZK317

位置： 地热发电一厂到地热发电二厂公路的东边，位于羊八井地热发电一厂东北边，属于羊八井地热田南区的地热井，海拔4296m。

井深： 64.02m。

XZJ005 羊八井ZK327

位置： 拉萨市当雄县羊八井地热田，海拔4284m。

井深： 118m。

孔径： 开孔井径470mm，终孔井径244mm

井内最高温度： 152℃（1984年测得该井内最高温度在65m处）。

热储层特征： 该孔上部为浅灰色砂砾层；19～35m为灰白色黏土层；35～51m为灰色砂砾层；51～76.5m为浅灰、灰绿色胶结砂砾层，裂隙发育；76.5～118m为浅灰红色砂砾层。51m以上具弱高岭土化和绿泥石化，51m以下具强高岭土化、绿泥石化、黄铁矿化和绿帘石化，属第四系孔隙热储层。热储工程测试结果为：汽水总量93.2t/h，蒸汽量6.65t/h，干度7.16%，发电潜力971.9kW，渗透系数26m/d，汽化面深度52m。

开发利用： 该孔在前两年曾作为地热发电尾水的回灌井。

XZJ006 羊八井ZK313

位置： 拉萨市当雄县羊八井地热田，海拔4282m。

井深： 155.4m。

孔径： 开孔井径470mm，终孔井径244mm。

井内最高温度： 161℃（1979年测得该井内最高温度在80m处）。

热储层特征： 全孔为第四纪地层，以灰色砂砾层为主，中部夹有灰、灰绿色胶结、半胶结砂砾层。蚀变也是以高岭土化为主，其他还有绿泥石化、黄铁矿化弱之。热储工程测试结果：汽水总量90.8t/h，蒸汽量5.52t/h，干度6.08%，发电潜力1009.8kW，渗透系数19.28m/d，汽化面深度62m。

水化学成分： 1995年9月取样测试（表2.204）。

表2.204　XZJ006羊八井ZK313化学成分　　　　（单位：mg/L）

$T_S/℃$	pH	TDS	Na^+	K^+	Ca^{2+}	Mg^{2+}
na.	8.86	na.	417	48.4	1.89	0.1
Li	Rb	Cs	NH_4^+	CO_3^{2-}	HCO_3^-	SO_4^{2-}
10.3	nd.	nd.	na.	na.	na.	32.8
Cl^-	F^-	CO_2	SiO_2	HBO_2	As	化学类型
479	13.2	81.3	205	210	na.	$Cl·SO_4-Na$

XZJ007 羊八井ZK328

位置： 拉萨市当雄县羊八井地热田，海拔4280m。

井深： 108m。

孔径： 开孔井径470mm，终孔井径244mm。

井内最高温度： 152℃（1984年测得该井内最高温度在70m处）。

热储层特征： 全孔为第四纪地层，以灰、灰白色砂砾层为主，中部夹有灰白色黏土层和灰绿色胶结砂砾层。表土以下具高岭土化，胶结砂砾层具绿泥石化、绿帘石化。热储工程测试结果：汽水总量137.2t/h，蒸汽量3.89t/h，干度2.84%，发电潜力1430.4kW，渗透系数40.28m/d，汽化面深度35m。

XZJ008 羊八井ZK311，10#井

位置： 拉萨市当雄县羊八井地热田，海拔4280m。

井深： 81.82m。

孔径： 开孔井径470mm，终孔井径311mm。

井内最高温度： 157℃（1980年测得该井内最高温度为井底）。

热储层特征： 全孔为Q_3，上部和下部为灰色胶结砂砾层，中部为灰色、棕红色半胶结砂砾层。表土以下具高岭土化和绿泥石化，4m以下蚀变增强，45m以下蚀变强烈并见黄铁矿化。热储工程测试结果：汽水总量164.2t/h，蒸汽量3.36t/h，干度2.05%，发电潜力1775.6kW，渗透系数102.3m/d，汽化面深度49m。

水化学成分： 1995年取样测试（表2.205）。

表2.205　XZJ008羊八井ZK311化学成分　　　（单位：mg/L）

T_S/℃	pH	TDS	Na⁺	K⁺	Ca²⁺	Mg²⁺
na.	5.69	na.	99	12.8	0.91	<0.05
Li	Rb	Cs	NH₄⁺	CO₃²⁻	HCO₃⁻	SO₄²⁻
2.4	nd.	nd.	na.	na.	na.	8.9
Cl⁻	F⁻	CO₂	SiO₂	HBO₂	As	化学类型
112	3.3	na.	67	56	na.	Cl-Na

开发利用：该井是现在南区最南边唯一存在的生产井，是后来在原井位处打的新井，井深128m，工作压力为$1.2kg/cm^2$，工作温度119℃，供气量在60～80t/h。

XZJ009 羊八井ZK322

位置：羊八井地热发电一厂正北，在地热发电一厂到地热发电二厂公路的西边，紧邻公路，属于羊八井地热田南区的地热井，海拔4283m。

井深：107.35m。

XZJ010 羊八井ZK314

位置：拉萨市当雄县羊八井地热田，海拔4280m。

井深：354.7m。

孔径：开孔井径500mm，终孔井径191mm。

井内最高温度：160℃（1979年测得该井内最高温度在80m处）。

热储层特征：中上部为第四纪灰、灰白色砂砾层，棕红色泥砾层和胶结、半胶结的砂砾层，65～201m蚀变较明显以高岭土化为主，局部有黄铁矿化和硫化；201～319m，浅灰、深灰色凝灰岩；319～354.7m，燕山晚期灰色斑状花岗岩。热储工程测试结果：汽水总量104t/h，蒸汽量6.11t/h，干度5.88%，发电潜力1164.7kW，渗透系数30.11m/d，汽化面深度43m。

开发利用：该孔在前两年曾作为地热发电尾水的回灌井。

XZJ011 羊八井ZK310

位置：拉萨市当雄县羊八井地热田，海拔4283m。

井深：213.55m。

孔径：开孔井径470mm，终孔井径191mm。

井内最高温度：160℃（1979年测得该井内最高温度在70m处）。

热储层特征：全孔几乎为第四纪灰、棕红色砂砾层、泥砾层（中部夹有一层厚约15m的泉胶砂砾层），底部仅见有10m厚的燕山晚期浅棕红色花岗岩。2m以下见高岭土化和绿泥石化，18m以下蚀变明显，100～203.5m蚀变强烈，并见有黄铁矿化。热储工程测试结果：汽水总量80.6t/h，蒸汽量5.69t/h，干度7.06%，发电潜力890.2kW，渗透系数11.5m/d，汽化面深度76m。

开发利用：该孔在前两年曾作为地热发电尾水的回灌井。

XZJ012 羊八井ZK325，5#井

位置：拉萨市当雄县羊八井地热田，海拔4281m。

井深：94.5m。

孔径：开孔井径470mm，终孔井径311mm。

井内最高温度：155℃（1984年测得该井内最高温度为井底）。

热储层特征：中上部为第四纪灰、灰白、浅红色砂砾层，下部72～94.5m为深灰色胶结砂砾层。表土以下具高岭土化，23m以下见黄铁矿化和绿帘石化。热储工程测试结果：汽水总量162t/h，蒸汽量3.97t/h，干度2.45%，发电潜力1725.9kW，渗透系数71.8m/d，汽化面深度28m。

水化学成分：1995年8月取样测试（表2.206）。

表2.206　XZJ012羊八井ZK325化学成分　　　　（单位：mg/L）

T_S/℃	pH	TDS	Na^+	K^+	Ca^{2+}	Mg^{2+}
na.	8.82	na.	328	38.5	3.99	0.1
Li	Rb	Cs	NH_4^+	CO_3^{2-}	HCO_3^-	SO_4^{2-}
7.5	nd.	nd.	na.	na.	na.	35.6
Cl^-	F^-	CO_2	SiO_2	HBO_2	As	化学类型
415	13.7	120.8	206	186.4	na.	$Cl·SO_4$–Na

XZJ013 羊八井ZK312

位置：拉萨市当雄县羊八井地热田，海拔4280m。

井深：225.2m。

孔径：开孔井径470mm，终孔井径191mm。

井内最高温度：149℃（1980年测得该井内最高温度在50m处）。

热储层特征：该孔中上部为第四纪灰色黏土层、砂砾层，中间夹有一层半胶结的砂砾层，下部143～225.2m为深灰色凝灰岩。表土以下具绿泥石化，28.5m以下具高岭土化、绿泥石化和黄铁矿化，基岩基本未蚀变。热储工程测试结果：汽水总量115.3t/h，蒸汽量2.6t/h，干度2.25%，发电潜力1174.8kW，渗透系数29.16m/d，汽化面深度40m。

XZJ014 羊八井ZK324，4#井

位置：拉萨市当雄县羊八井地热田，海拔4293m。

井深：90.13m。

孔径：开孔井径470mm，终孔井径311mm。

井内最高温度：160℃（1982年测得该井内最高温度为井底）。

热储层特征：全孔为Q_3，中上部是灰、黄色含泥砂层、砂砾层，78～90.13m为灰色胶结砂砾层。36m以下具高岭土化，71m以下具黄铁矿化。热储工程测试结果：汽水总量169.7t/h，蒸汽量4.55t/h，干度2.68%，发电潜力1874.8kW，渗透系数79.5m/d，汽化面深度50m。

水化学成分：2008年5月取样测试（表2.207）。

表2.207　XZJ014羊八井ZK324化学成分　　　（单位：mg/L）

T_S/℃	pH	TDS	Na^+	K^+	Ca^{2+}	Mg^{2+}
na.	8.96	1488	382.3	27.9	3.08	0.47
Li	Rb	Cs	NH_4^+	CO_3^{2-}	HCO_3^-	SO_4^{2-}
na.	nd.	nd.	40.7	73.14	386.2	450
Cl^-	F^-	CO_2	SiO_2	HBO_2	As	化学类型
423.15	3.2	na.	272.88	na.	12.467	Cl-Na

开发利用：因老井报废，现在使用的生产井是1998年4月重新钻探施工的新井，井深为130m，下入套管深度58m，下入套管规格337.8mm，井口工作压力1.5kg/cm²，井口工作温度123℃，往电厂的输送汽水量为100～120t/h。

XZJ015 羊八井ZK309，9#井

位置：拉萨市当雄县羊八井地热田，海拔4293m。

井深：87.25m。

孔径：开孔井径500mm，终孔井径311mm。

井内最高温度：160℃（1978年测得该井内最高温度为井底）。

热储层特征：全孔为Q_3，上部和底部为灰色泉胶砂层、泉胶砂砾层，中部为厚度不等的砂层、砂砾层。4.29m以下高岭土化和绿泥石化较弱，66m以下较强，并见有绿帘石化和黄铁矿化。热储工程测试结果：汽水总量176.4t/h，蒸汽量5.08t/h，干度2.88%，发电潜力1948.8kW，渗透系数64.2m/d，汽化面深度38m。

水化学成分：1996年9月取样测试（表2.208）。

表2.208　XZJ015羊八井ZK309化学成分　　　（单位：mg/L）

T_S/℃	pH	TDS	Na^+	K^+	Ca^{2+}	Mg^{2+}
na.	8.88	na.	338	44.2	3.64	<0.01
Li	Rb	Cs	NH_4^+	CO_3^{2-}	HCO_3^-	SO_4^{2-}
7.6	nd.	nd.	na.	na.	na.	40.8

Cl⁻	F⁻	CO_2	SiO_2	HBO_2	As	化学类型
472	14.7	61.6	224	202.4	na.	$Cl·SO_4$–Na

开发利用： 现在使用的是1992年8月在老井边打的新井，该井深度130m，下入套管深度58m，下入套管规格337.8mm，井口工作压力1.5kg/cm²，井口工作温度123℃，供气量100～120t/h。

XZJ016 羊八井 ZK307

位置： 拉萨市当雄县羊八井地热田，海拔4293m。

井深： 341.97m。

孔径： 开孔井径470mm，终孔井径191mm。

井内最高温度： 114℃(1979年测得该井内最高温度在140m)。

热储层特征： 0～106m为Q_3，主要为黄灰色砂砾层，上部有一层9m厚的黄灰色胶结砂砾层。106～314m为Q_2，主要为棕红色泥砾层，局部夹有深灰色半胶结的砂砾层。314～341.97m，中-粗粒棕红色花岗岩（γ_5^3）。15m以下具高岭土化和绿帘石化，71m以下蚀变增强，106m具强高岭土化，局部见黄铁矿化。

XZJ017 羊八井 ZK308

位置： 拉萨市当雄县羊八井地热田，海拔4287m。

井深： 1726.41m。

孔径： 开孔井径470mm，终孔井径216mm。

井内最高温度： 152℃（1983年在130m处测得井内最高温度）。

热储层特征： 该孔1980年6月开钻，1982年6月终孔，0～111.9m为下入管径337.8mm的技术管；120～494m为下入管径241.3mm的实管；494m以下为裸眼。0～162m为Q_3，中上部主要由黄灰色砾石层和黄色砂砾层组成，下部还有一层30m厚的胶结砂砾层；162～295m为Q_2，主要由棕红色泥砾层组成，局部夹有砂砾层和泉胶砂砾层；295～1726.41m为紫红、灰白色花岗岩和灰色黑云母花岗岩、角闪花岗岩组成。35m以上蚀变较弱，以下具不同程度的高岭土化绿泥石化，局部有碳酸盐化和黄铁矿化，基岩普遍具碳酸盐化。该井是热田南区钻探施工最深的孔，1983年在130m处测得井内最高温度为152℃，其下温度开始下降，到750m下降至128℃，然后、温度开始缓慢上升，到1666m上升至145.7℃。

XZJ018 羊八井ZK343

位置： 拉萨市当雄县羊八井地热田，海拔4334m。

XZJ019 羊八井ZK332，3#井

位置： 拉萨市当雄县羊八井地热田，海拔4341m。

开发利用： 现已报废停止使用。

水化学成分： 2004年12月取样测试（表2.209）。

表2.209　XZJ019羊八井ZK332化学成分　　　（单位：mg/L）

$T_s/℃$	pH	TDS	Na^+	K^+	Ca^{2+}	Mg^{2+}
na.	8.9	1500	372	46	2	0.04
Li	Rb	Cs	NH_4^+	CO_3^{2-}	HCO_3^-	SO_4^{2-}
8	nd.	nd.	na.	na.	232	45
Cl^-	F^-	CO_2	SiO_2	HBO_2	As	化学类型
440	14	na.	222	220	2.1	na.

XZJ020 羊八井ZK302，21#井

位置： 拉萨市当雄县羊八井地热田，海拔4355m。

井深： 457.41m。

孔径： 开孔井径470mm，终孔井径191mm。

井内最高温度： 172℃（1979年测得该井内最高温度在160m处）。

热储层特征： 上部主要为Q_2灰白色砾石层和胶结砂砾层；131~299m为喜马拉雅早期的灰白、灰绿色碎裂花岗岩；299~457.41m灰白色花岗岩（γ_6^1）。11 m 以下高岭土化强烈，76m 以下具黄铁矿化和硫化，135m以下具硅华。静止水位埋深43.71m，热储工程测试结果：汽水总量92.5t/h，蒸汽量6.5t/h，干度7.44%，发电潜力1110kW，渗透系数7.76m/d，汽化面深度124m。

水化学成分： 2004年12月取样测试（表2.210）。

表2.210　XZJ020羊八井ZK302化学成分　　　（单位：mg/L）

$T_s/℃$	pH	TDS	Na^+	K^+	Ca^{2+}	Mg^{2+}
na.	9	1560	411	52	2.5	0.05
Li	Rb	Cs	NH_4^+	CO_3^{2-}	HCO_3^-	SO_4^{2-}
9	nd.	nd.	na.	na.	181	49
Cl^-	F^-	CO_2	SiO_2	HBO_2	As	化学类型
487	14	na.	248	224	2.5	na.

开发利用： 现在使用的是1988年9月在老井边打的新井，该井深度457m，下入实管深度80m，其

下下入滤水管深度60m，下入套管规格337.8mm，井口工作压力1.2kg/cm²，井口工作温度119℃，供气量60～80t/h。

XZJ021 羊八井ZK3001

位置： 拉萨市当雄县羊八井地热田，海拔4376m。

井深： 2254.5m。

井内最高温度： 270℃（2004年测得该井内最高温度在1400m处）。

热储层特征： 该孔位于硫黄矿厂南约300m处，是中日（JICA）合作项目，为定向井，定向钻进是N20°W方向。从180m处开始造斜至550m后定向钻进，设计井深2500m，实际完成井深2254.5m。施工周期为三年，2002年完成0～403.2m、2003年完成403.2～1903.93m、2004年完成1903.93～2254.5m，静止水位107.7m。

水化学成分： 2004年11月取样测试（表2.211）。

表2.211　XZJ021羊八井ZK3001化学成分　　（单位：mg/L）

T_S/℃	pH	TDS	Na⁺	K⁺	Ca²⁺	Mg²⁺
na.	9	1560	372	49	8.1	0.25
Li	Rb	Cs	NH₄⁺	CO₃²⁻	HCO₃⁻	SO₄²⁻
8.3	nd.	nd.	na.	na.	180	60
Cl⁻	F⁻	CO₂	SiO₂	HBO₂	As	化学类型
422	12	na.	244	192	2.4	Cl·HCO₃-Na

XZJ022 羊八井ZK334

位置： 拉萨市当雄县羊八井地热田硫磺矿厂南部边缘，海拔4376m。

XZJ023 羊八井ZK4002

位置： 拉萨市当雄县羊八井地热田，海拔4435m。

井深： 2006.8m。

井内最高温度： 329.8℃（1994年测得该井内最高温度1850m处）。

热储层特征： 该孔经引喷后，在喷发一小时内，井口工作温度204℃、井口工作压力16.6kg/cm²、端压6.6kg/cm²，数小时稳定后，井口工作温度为135℃、井口工作压力为2.2kg/cm²，而此时的汽水总量为12t/h。在喷发30小时后井口各参数数值降低，直至40小时后，排放管端压为零，只有蒸汽逸出。

水化学成分： 1994年取样测试（表2.212）。

表2.212　XZJ023羊八井ZK4002化学成分　　（单位：mg/L）

$T_S/℃$	pH	TDS	Na^+	K^+	Ca^{2+}	Mg^{2+}
na.	na.	2990	621	161	na.	na.
Li	Rb	Cs	NH_4^+	CO_3^{2-}	HCO_3^-	SO_4^{2-}
29.3	nd.	nd.	na.	na.	338.8	65.8
Cl^-	F^-	CO_2	SiO_2	HBO_2	As	化学类型
990.7	4.5	na.	339.37	429.6	na.	na.

XZJ024 羊八井ZK4001

位置：拉萨市当雄县羊八井地热田，海拔4425m。

井深：1459.09m。

孔径：开孔井径630mm，经多次换径，终孔井径216mm。

井内最高温度：255℃（1997年测得该井内最高温度1150m处）。

热储层特征：1995年6月开钻，1996年11月终孔，0～84m为第四季沉积物；84m以下为基岩，主要以花岗岩为主。上部有火山角砾碎屑凝灰岩，下部有花岗质糜棱岩。上部以高岭土化为主，还有绿泥石化、黄铁矿化、硅华等，下部有绢云母-伊利石化、方解石化、黄铁矿化等。静止水位埋深75m，井口工作温度200℃、井口工作压力15kg/cm²、端压5kg/cm²、单井汽水总量302t/h，单井发电潜力12.58MW。

水化学成分：2005年1月取样测试（表2.213）。

表2.213　XZJ024羊八井ZK4001化学成分　　（单位：mg/L）

$T_S/℃$	pH	TDS	Na^+	K^+	Ca^{2+}	Mg^{2+}
na.	8.6	3120	632	124	3.1	0.18
Li	Rb	Cs	NH_4^+	CO_3^{2-}	HCO_3^-	SO_4^{2-}
24	nd.	nd.	na.	na.	330	24
Cl^-	F^-	CO_2	SiO_2	HBO_2	As	化学类型
946	16	na.	76.7	436	na.	$Cl·SO_4-Na$

开发利用：生产井，现在井口工作压力12kg/cm²，井口工作温度195℃。

XZJ025 羊八井ZK320

位置：拉萨市当雄县羊八井地热田，海拔4429m。

井深：252.35m。

孔径：开孔井径146mm，终孔井径118mm。

井内最高温度：160℃（1982年测得该井内最高温度在230m处）。

热储层特征：位于ZK4001孔的东北边，中上部为Q_2，以灰白、粉红色砾石层为主，其间夹有灰白色砂砾层和粉红色胶结砂砾层。169.5～230.25m为浅灰、灰绿色硅华砾岩（N_2）；230.25～252.35m为浅灰、红灰、绿灰色粗粒花岗岩。全孔蚀变强烈，以高岭土化为主，169.5m以下强烈硅化，局部见有绿泥石化、绿帘石化和黄铁矿化，静止水位128m。

XZJ026 羊八井ZK338

位置：拉萨市当雄县羊八井地热田，海拔4372m。
热储层特征：井口闸门已被高岭土覆盖。

XZJ027 羊八井ZK330

位置：拉萨市当雄县羊八井地热田，海拔4364m。
开发利用：ZK330未利用。

XZJ028 羊八井ZK354，7#井

位置：拉萨市当雄县羊八井地热田，海拔4342m。
井深：200m。
井口温度：120℃。
热储层特征：1988年7月成井，下入套管深度100m，下入套管（实管）规格337.8mm。
水化学成分：1995年8月取样测试（表2.214）。

表2.214　XZJ028羊八井ZK354化学成分　　　（单位：mg/L）

$T_s/℃$	pH	TDS	Na^+	K^+	Ca^{2+}	Mg^{2+}
na.	8.93	na.	387	45.8	3.19	0.1
Li	Rb	Cs	NH_4^+	CO_3^{2-}	HCO_3^-	SO_4^{2-}
9.4	nd.	nd.	na.	na.	na.	38.4
Cl^-	F^-	CO_2	SiO_2	HBO_2	As	化学类型
513	14.3	102.8	248	228	na.	Cl-Na

开发利用：现在井口工作压力1.3kg/cm²，井口工作温度120℃，往电厂输送汽水量为80～100t/h。

XZJ029 羊八井ZK346

位置：拉萨市当雄县羊八井地热田，海拔4343m。
水化学成分：1995年8月取样测试（表2.215）。

表2.215　XZJ029羊八井ZK346化学成分　　（单位：mg/L）

T_s/℃	pH	TDS	Na⁺	K⁺	Ca²⁺	Mg²⁺
na.	8.8	na.	377	44.8	3.7	<0.05
Li	Rb	Cs	NH₄⁺	CO₃²⁻	HCO₃⁻	SO₄²⁻
9.1	nd.	nd.	na.	na.	na.	38.1
Cl⁻	F⁻	CO₂	SiO₂	HBO₂	As	化学类型
491	14.2	83.3	238	227.2	na.	Cl–Na

XZJ030 羊八井ZK359

位置：拉萨市当雄县羊八井地热田，海拔4362m。

井深：267m。

井口温度：122℃。

热储层特征：1996年9月成井，下入套管深度120m，下入套管（实管）规格337.8mm。

水化学成分：2008年5月取样测试（表2.216）。

表2.216　XZJ030羊八井ZK359化学成分　　（单位：mg/L）

T_s/℃	pH	TDS	Na⁺	K⁺	Ca²⁺	Mg²⁺
na.	9.12	1520	478.7	27.9	na.	2.1
Li	Rb	Cs	NH₄⁺	CO₃²⁻	HCO₃⁻	SO₄²⁻
na.	nd.	nd.	0.6	49.49	185.99	60
Cl⁻	F⁻	CO₂	SiO₂	HBO₂	As	化学类型
448.72	3.2	na.	293.81	na.	11.41	Cl–Na

开发利用：现在井口工作压力1.45kg/cm²，井口工作温度122℃，往电厂输送汽水量为100～120t/h。

XZJ031 羊八井ZK702

位置：拉萨市当雄县羊八井地热田，海拔4348m。

井深：278.88 m。

井口温度：120℃。

热储层特征：2007年9月成井，套管下入长度113.8m，下入套管规格337.8mm 。

开发利用：属于地热田北区的生产井，现在井口工作压力1.35kg/cm²，井口工作温度120℃，往电厂的供气量在100～120t/h。

XZJ032 羊八井ZK358

位置： 拉萨市当雄县羊八井地热田，海拔4337m。

井深： 300m。

井口温度： 121℃。

热储层特征： 1997年11月成井，套管下入长度110m，下入套管规格337.8mm。

开发利用： 属于地热田北区的生产井，现在井口工作压力1.4kg/cm²，井口工作温度121℃，往电厂的供气量为100～120t/h。

XZJ033 羊八井ZK329

位置： 拉萨市当雄县羊八井地热田，在地热发电二厂外西北角，海拔4327m。

井深： 261m。

井口温度： 120℃。

热储层特征： 1995年8月成井，套管下入长度200m，其中实管120m，过滤管80m，下入套管规格337.8mm。

水化学成分： 1995年8月取样测试（表2.217）。

表2.217　XZJ033羊八井ZK329化学成分　　　　（单位：mg/L）

T_s/℃	pH	TDS	Na⁺	K⁺	Ca²⁺	Mg²⁺
na.	8.89	na.	337	39.6	4.4	0.1
Li	Rb	Cs	NH₄⁺	CO₃²⁻	HCO₃⁻	SO₄²⁻
8.1	nd.	nd.	na.	na.	na.	39.7
Cl⁻	F⁻	CO₂	SiO₂	HBO₂	As	化学类型
481	14.9	83	214	208.4	na.	Cl–Na

开发利用： 属于地热田北区的生产井，现在井口工作压力1.25kg/cm²，井口工作温度120℃，往电厂的供气量为100～120t/h。

XZJ034 羊八井ZK701

位置： 拉萨市当雄县羊八井地热田，海拔4331m。

井深： 163m。

井口温度： 122℃。

热储层特征： 2008年6月成井，套管下入长度116.47m，下入套管规格337.8mm。

开发利用： 属于地热田北区的生产井，现在井口工作压力1.5kg/cm²，井口工作温度122℃，往电厂的供气量为100～120t/h。

XZJ035 羊八井ZK345

位置：拉萨市当雄县羊八井地热田，海拔4331m。

热储层特征：属于地热田北区的钻孔，在地热发电二厂（北边）后面。

开发利用：此井由于温度、压力较低，而作为旅游放喷的景观井。

XZJ036 羊八井ZK357

位置：拉萨市当雄县羊八井地热田，在地热发电二厂后面，海拔4339m。

井深：402m。

井口温度：120℃。

热储层特征：1989年8月成井，套管下入长度120m，下入套管规格337.8mm。

水化学成分：1995年9月取样测试（表2.218）。

表2.218 XZJ036羊八井ZK357化学成分　　　　　（单位：mg/L）

T_s/℃	pH	TDS	Na$^+$	K$^+$	Ca^{2+}	Mg^{2+}
na.	8.94	na.	383	48.4	3.97	<0.05
Li	Rb	Cs	NH$_4^+$	CO$_3^{2-}$	HCO$_3^-$	SO$_4^{2-}$
9.1	nd.	nd.	na.	na.	na.	39.9
Cl$^-$	F$^-$	CO$_2$	SiO$_2$	HBO$_2$	As	化学类型
519	15.1	86.2	247	222	na.	Cl–Na

开发利用：属于地热田北区的生产孔，现在井口工作压力1.35kg/cm²，往电厂的供气量为80～100t/h。

XZJ037 羊八井ZK355

位置：拉萨市当雄县羊八井地热田，在地热发电二厂后面，靠近山脚，海拔4354m。

井深：454m。

井口温度：119℃。

热储层特征：1989年10月成井，套管下入长度120m，下入套管规格337.8mm。

水化学成分：1995年9月取样测试（表2.219）。

表2.219 XZJ037羊八井ZK355化学成分 （单位：mg/L）

$T_s/℃$	pH	TDS	Na^+	K^+	Ca^{2+}	Mg^{2+}
na.	8.49	na.	408	47.3	3.56	<0.05
Li	Rb	Cs	NH_4^+	CO_3^{2-}	HCO_3^-	SO_4^{2-}
9.2	nd.	nd.	na.	na.	na.	37.7
Cl^-	F^-	CO_2	SiO_2	HBO_2	As	化学类型
489	14.6	119.7	241	222.4	na.	Cl-Na

开发利用： 现在井口工作压力1.3kg/cm²，井口工作温度119℃，往电厂的供气量为60～80t/h。

XZJ038 羊八井ZK304，13#井

位置： 拉萨市当雄县羊八井地热田，海拔4326m。

井深： 206.54m。

孔径： 开孔井径500mm，终孔井径311mm。

井内最高温度： 172℃（1978年测得井内最高温度在160m处）。

热储层特征： 0～24m为Q_3，上部是黄灰色砾石层，下部是含泥质灰白色砂砾层；24～142m为Q_2，上部是黄灰、棕红色泥砾层，中间是灰白色泥质砂砾层，下部是灰白色半胶结砂砾层；142～206.54m为灰白色碎裂石英岩。28m以下蚀变增强，以高岭土化为主；78m以下蚀变强烈，并见有黄铁矿化；86.5m以下具强烈黄铁矿化；进入基岩具硅华，静止水位埋深25.25m。热储工程测试结果：汽水总量95.5t/h，蒸汽量7.23t/h，干度7.82%，发电潜力1109.9kW，渗透系数19.1m/d。

水化学成分： 1995年9月取样测试（表2.220）。

表2.220 XZJ038羊八井ZK304化学成分 （单位：mg/L）

$T_s/℃$	pH	TDS	Na^+	K^+	Ca^{2+}	Mg^{2+}
na.	8.17	na.	332	41.7	3.89	<0.05
Li	Rb	Cs	NH_4^+	CO_3^{2-}	HCO_3^-	SO_4^{2-}
8.1	nd.	nd.	na.	na.	na.	34.6
Cl^-	F^-	CO_2	SiO_2	HBO_2	As	化学类型
451	13.2	126.2	217	197.6	na.	Cl-Na

开发利用： 现在使用的是1992年9月在老井边打的新井，该井深度206m，井口工作压力1.4kg/cm²，供气量为100～120t/h。

XZJ039 羊八井ZK335，5#井

位置： 拉萨市当雄县羊八井地热田，该井位于地热发电二厂东边围墙外，海拔4313m。

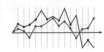

井深：220m。

井口温度：122℃。

热储层特征：现在使用的这口井是在原址打的第三口井，是2013年9月成井，套管下入深度116m，下入套管规格337.8mm。

开发利用：现在井口工作压力1.5kg/cm²，井口工作温度122℃，往电厂输送的汽水量为100～120t/h。

XZJ040 羊八井ZK326，4#井

位置：拉萨市当雄县羊八井地热田，海拔4307m。

井深：172.32m。

孔径：开孔井径155mm，终孔井径91mm。

井口温度：121℃。

热储层特征：该孔上部为第四纪地层，以灰白色泥质砂砾层为主，该层顶部有灰白色亚黏土层和胶结砂砾层；下部为黑灰色凝灰岩（E_{2-3}），该层中间夹深灰色构造角砾岩。黏土层以下具弱高岭土化、绿帘石化。现在使用的生产井是在老井附近2000年8月打的新井，井深为300m，下入套管深度80m，下入套管规格为337.8mm。

水化学成分：2008年5月取样测试（表2.221）。

表2.221　XZJ040羊八井ZK326化学成分　（单位：mg/L）

$T_s/℃$	pH	TDS	Na⁺	K⁺	Ca²⁺	Mg²⁺
na.	8.98	1486	276.4	47.85	0.77	0.47
Li	Rb	Cs	NH_4^+	CO_3^{2-}	HCO_3^-	SO_4^{2-}
10.3	nd.	nd.	0.7	78.1	73.81	75
Cl⁻	F⁻	CO_2	SiO_2	HBO_2	As	化学类型
428.96	3.4	na.	279.31	na.	11.958	Cl-Na

开发利用：井口工作压力1.4kg/cm²，井口工作温度121℃，往电厂输送的汽水量为60～80t/h。

XZJ041 羊易ZK101

位置：拉萨市当雄县羊易地热田，海拔4614m。

井深：761.0m。

孔径：开孔井径340mm，终孔井径216mm。

井内最高温度：65.5℃（测得该井内最高温度在759.8m处）。

热储层特征：该孔中上部为第四季亚砂土层、砂层、砂砾层；595.5～686.5m是N_1的灰、灰绿、黄绿色火山角砾凝灰岩；686.5～761m为浅灰、灰红色斑状黑云母花岗岩。该孔为涌水孔，涌水量3.13t/h，水头高度21.77m。

水化学成分：1989年5月取样测试（表2.222）。

表2.222　XZJ041羊易ZK101化学成分　　　　（单位：mg/L）

$T_s/℃$	pH	TDS	Na^+	K^+	Ca^{2+}	Mg^{2+}
50.5	8.58	301.14	54	5.4	2.54	nd.
Li	Rb	Cs	NH_4^+	CO_3^{2-}	HCO_3^-	SO_4^{2-}
nd.	nd.	nd.	0.1	19.29	63.19	20
Cl^-	F^-	CO_2	SiO_2	HBO_2	As	化学类型
8.67	3.99	na.	154	5.044	na.	$HCO_3·CO_3$-Na

XZJ042 羊易ZK200

位置：拉萨市当雄县羊易地热田，海拔4648m。

井深：606.22m。

孔径：开孔井径340mm，终孔井径216mm。

井内最高温度：172.39℃。

热储层特征：0～58.5m上部为Q_4灰、深灰色胶结砂砾层，下部为Q_2浅灰、灰白色含砾砂层；58.5～233m为N_1，上部是浅灰绿色岩屑晶屑凝灰岩，下部是浅灰、紫红色凝灰质火山角砾岩；233～606.22m为$\gamma\pi_6^1$，上部是浅灰、灰绿色黑云母花岗斑岩，中部是浅红、灰绿色构造角砾岩，下部灰绿、灰红色碎裂蚀变花岗斑岩。通过地球物理测井和热储工程测试获得该孔相关参数如下：井口静止温度61.4℃，井口静止压力9.4kg/cm²，井口工作压力3.2kg/cm²，排放管端压1.1kg/cm²，汽水总量95t/h，蒸汽量16t/h，干度17%。

水化学成分：1989年5月取样测试（表2.223）。

表2.223　XZJ042羊易ZK200化学成分　　　　（单位：mg/L）

$T_s/℃$	pH	TDS	Na^+	K^+	Ca^{2+}	Mg^{2+}
70	7.59	1512.41	430	32	16.45	1.1
Li	Rb	Cs	NH_4^+	CO_3^{2-}	HCO_3^-	SO_4^{2-}
6.5	nd.	nd.	0.2	nd.	660.21	205
Cl^-	F^-	CO_2	SiO_2	HBO_2	As	化学类型
159.9	13.79	na.	297	78.712	na.	HCO_3-Na

开发利用：该井2012年下半年开始使用发电，井口参数不详，由于汽量问题，在2013年11月考察时已停止使用。

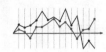

XZJ043 羊易ZK201

位置：拉萨市当雄县羊易地热田，海拔4600m。

井深：253.1m。

XZJ044 羊易ZK203

位置：拉萨市当雄县羊易地热田，海拔4660m。

井深：386m。

孔径：开孔井径340mm，终孔井径216mm。

井内最高温度：201.77℃

热储层特征：0～27.5m为Q_4灰、深灰色砾石层；27.5～289.5m上部为浅灰、深灰、灰黑色黑云母辉石粗安岩（N_1），中部为浅灰、灰白色含火山角砾凝灰岩和棕红、浅灰色凝灰质火山角砾岩，下部为棕红色构造角砾岩；289.5～386m为灰、灰绿色斑状花岗岩（γ_6^1），裂隙发育。井口静止温度85.4℃，井口静止压力8.3kg/cm²，井口工作压力9.1kg/cm²，排放管端压3.4kg/cm²，汽水总量236t/h，蒸汽量59t/h，干度25%。

水化学成分：1989年5月取样测试（表2.224）。

表2.224　XZJ044羊易ZK203化学成分　　　　　　（单位：mg/L）

T_S/℃	pH	TDS	Na⁺	K⁺	Ca²⁺	Mg²⁺
61	7.97	1448.44	394	28.7	25	0.09
Li	Rb	Cs	NH₄⁺	CO₃²⁻	HCO₃⁻	SO₄²⁻
6.2	nd.	nd.	0.12	nd.	601.38	210
Cl⁻	F⁻	CO₂	SiO₂	HBO₂	As	化学类型
160.86	15.88	na.	285.2	74.664	na.	HCO₃-Na

开发利用：江西华电在该孔老井口装置上拆换闸门后，准备进行通井处理以增大产汽量而投入生产发电。

XZJ045 羊易ZK204

位置：拉萨市当雄县羊易地热田，海拔4609m。

井深：1106.69m。

孔径：开孔井径340mm，终孔井径216mm。

井内最高温度：144.70℃（测得该井内最高温度532m处）。

热储层特征：该孔处在海拔较低处，因此第四纪地层较厚，达456m，主要为砂砾层和黏土层；

456～499.5m为浅灰、灰色含火山角砾凝灰岩；499.5～735.5m为浅红色蚀变碎裂花岗斑岩和蚀变黑云母花岗斑岩（$\gamma\pi_6^1$）；735.5～1106.69m为浅红、浅灰绿色斑状黑云母花岗岩（γ_6^1）。

水化学成分：1989年5月取样测试（表2.225）。

表2.225　XZJ045羊易ZK204化学成分　　　　（单位：mg/L）

T_S/℃	pH	TDS	Na$^+$	K$^+$	Ca^{2+}	Mg^{2+}
72	8.22	1802.32	560	32	16.3	0.22
Li	Rb	Cs	NH$_4^+$	CO$_3^{2-}$	HCO$_3^-$	SO$_4^{2-}$
5	nd.	nd.	0.12	42.86	954.36	230
Cl$^-$	F$^-$	CO$_2$	SiO$_2$	HBO$_2$	As	化学类型
194.58	15.12	na.	209.44	74.664	na.	HCO$_3$–Na

XZJ046 羊易ZK206

位置：拉萨市当雄县羊易地热田，海拔4614m。

井深：905.41m。

孔径：开孔井径340mm，终孔井径216mm。

井内最高温度：152.34℃。

热储层特征：0～215m为第四纪地层，表层是泉胶砂砾层，其下为浅灰色砂砾层，再下是亚砂土层和亚黏土层；215～228.5m为浅灰色蚀变凝灰岩；228.5～488.5m为浅红、灰绿色黑云母花岗斑岩；488.5～905.41m为浅灰绿、灰白色蚀变碎裂斑状花岗岩（γ_6^1）。井口静止温度41.7℃，井口工作温度105℃，井口静止压力9.6kg/cm^2，井口工作压力1.55kg/cm^2，汽水总量26.61t/h，蒸汽量3.46t/h，干度13%。

水化学成分：1989年5月取样测试（表2.226）。

表2.226　XZJ046羊易ZK206化学成分　　　　（单位：mg/L）

T_S/℃	pH	TDS	Na$^+$	K$^+$	Ca^{2+}	Mg^{2+}
21	7.2	1547.47	460	30	16.66	nd.
Li	Rb	Cs	NH$_4^+$	CO$_3^{2-}$	HCO$_3^-$	SO$_4^{2-}$
6.9	nd.	nd.	0.16	nd.	848.47	200
Cl$^-$	F$^-$	CO$_2$	SiO$_2$	HBO$_2$	As	化学类型
166.64	12.92	na.	210	75.68	na.	HCO$_3$–Na

XZJ047 羊易ZK207

位置：拉萨市当雄县羊易地热田，海拔4670m。

井深：703.54m。

孔径：开孔井径340mm，终孔井径127mm。

井内最高温度：163.51℃（1988年测得）。

热储层特征：上部是Q_4深灰色砂砾层；19.5～339m依次为中新统黑云母辉石粗安岩、火山角砾凝灰岩、凝灰质火山角砾岩；339～703.54m为喜马拉雅早期灰绿色饰变斑状花岗岩。该孔为间喷孔，闭井压力5.9kg/cm²。

水化学成分：1988年取样测试（表2.227）。

表2.227　XZJ047羊易ZK207化学成分　　　　（单位：mg/L）

T_s/℃	pH	TDS	Na⁺	K⁺	Ca²⁺	Mg²⁺
83	8.1	1568.22	464	34	12.95	2.6
Li	Rb	Cs	NH₄⁺	CO₃²⁻	HCO₃⁻	SO₄²⁻
12.24	nd.	nd.	na.	nd.	820.37	188
Cl⁻	F⁻	CO₂	SiO₂	HBO₂	As	化学类型
171.64	11.5	7.28	231	29.75	na.	na.

XZJ048 羊易ZK208

位置：拉萨市当雄县羊易地热田，海拔4638m。

井深：312.87m。

孔径：开孔井径245mm，终孔井径216 mm。

井内最高温度：207.16℃。

热储层特征：0～17m为Q_4浅灰色砾石层；17～284m上部为灰、深灰色粗安岩（N_1），下部为浅灰褐色石英粗面岩，中部是灰白色凝灰岩和浅棕色凝灰质火山角砾岩。井口静止温度20.0℃，井口工作温度190℃，是目前羊易地热田钻孔内测得的最高温度，井口静止压力10kg/cm²，井口工作压力11.9kg/cm²，排放管端压3.6kg/cm²，汽水总量381t/h，蒸汽量102.4t/h，干度26.9%。

水化学成分：1989年取样测试（表2.228）。

表2.228　XZJ048羊易ZK208化学成分　　　　（单位：mg/L）

T_s/℃	pH	TDS	Na⁺	K⁺	Ca²⁺	Mg²⁺
86	8.49	1704.96	422	42	1.16	6.23
Li	Rb	Cs	NH₄⁺	CO₃²⁻	HCO₃⁻	SO₄²⁻
16.1	nd.	nd.	nd.	42.12	596.34	172
Cl⁻	F⁻	CO₂	SiO₂	HBO₂	As	化学类型
180.58	18.24	nd.	473	132.08	na.	HCO₃–Na

开发利用：该孔也已更换了新闸门，经通井处理后将投入生产发电。

XZJ049 羊易ZK211

位置：拉萨市当雄县羊易地热田，海拔4689m。

井深：1500m。

井口温度：85℃。

热储层特征：水流量36.96T/h。2012年8月开始施工，2013年5月成井，下入套管（实管）深度600m，下入过滤管（花管）600～1500m。

XZJ050 羊易ZK301

位置：拉萨市当雄县羊易地热田，海拔4666m。

井深：439.36m。

孔径：开孔井径146mm，终孔井径91mm。

井内最高温度：165.26℃（测得该井内最高温度在387m处）。

热储层特征：0～132m为第四季浅灰、灰白色砾石层和砂砾层，其下主要为紫红、灰白色蚀变碎裂花岗斑岩。井口静止温度116℃，井口工作温度130.1℃，井口静止压力5.7kg/cm^2，井口工作压力3.1kg/cm^2，排放管端压0.8kg/cm^2，汽水总量18.41t/h，蒸汽量3t/h，干度16%。

水化学成分：1989年5月取样测试（表2.229）。

表2.229　XZJ050羊易ZK301化学成分　　　（单位：mg/L）

T_S/℃	pH	TDS	Na$^+$	K$^+$	Ca^{2+}	Mg^{2+}
79	8.58	1555.39	424	38.2	10.87	1.1
Li	Rb	Cs	NH$_4^+$	CO$_3^{2-}$	HCO$_3^-$	SO$_4^{2-}$
9.8	nd.	nd.	0.08	51.43	614.45	200
Cl$^-$	F$^-$	CO$_2$	SiO$_2$	HBO$_2$	As	化学类型
177.24	18.24	nd.	302.5	17.512	na.	HCO$_3$–Na

XZJ051 羊易ZK302

位置：拉萨市当雄县羊易地热田，海拔4576m。

井深：825.50m。

孔径：开孔井径245mm，终孔井径216 mm。

井内最高温度：130.96℃。

热储层特征：0～624m是第四纪的杂色、灰色亚砂土层、亚黏土层和含砾砂层；624～757m为灰色黑云母辉石粗面岩；757～825.5m为浅灰红、灰色高岭土化的斑状花岗岩。为涌水孔，闭井压力2.25kg/cm²，涌水量0.7t/h。

水化学成分：1989年5月取样测试（表2.230）。

表2.230　XZJ051羊易ZK302化学成分　　（单位：mg/L）

$T_S/℃$	pH	TDS	Na^+	K^+	Ca^{2+}	Mg^{2+}
77	7.76	1480.61	452	24	15.94	0.75
Li	Rb	Cs	NH_4^+	CO_3^{2-}	HCO_3^-	SO_4^{2-}
4.8	nd.	nd.	0.36	na.	832.34	205
Cl^-	F^-	CO_2	SiO_2	HBO_2	As	化学类型
157.97	9.5	nd.	174	77.692	na.	HCO_3-Na

XZJ052 羊易ZK401

位置：拉萨市当雄县羊易地热田，海拔4681m。

井深：724.5m。

孔径：开孔井径470mm，终孔井径216 mm。

井内最高温度：136.72℃（测得该井内最高温度472m处）。

热储层特征：0～143.5m为第四季黏土、亚黏土层和砂砾层；143.5～172.5m是灰白色蚀变角砾状粗面岩；172.5～331m是浅灰红色蚀变碎裂斑状花岗岩；331～724.5m为灰、浅灰红、灰绿色蚀变碎裂花岗斑岩。井口静止压力3kg/cm²。

水化学成分：2008年8月取样测试（表2.231）。

表2.231　XZJ052羊易ZK401化学成分　　（单位：mg/L）

$T_S/℃$	pH	TDS	Na^+	K^+	Ca^{2+}	Mg^{2+}
96	8.4	1904.66	452	30.07	10.91	1.02
Li	Rb	Cs	NH_4^+	CO_3^{2-}	HCO_3^-	SO_4^{2-}
5.99	nd.	nd.	0.12	76.48	607.18	182.27
Cl^-	F^-	CO_2	SiO_2	HBO_2	As	化学类型
179.48	7	nd.	206.56	14.134	0.25	HCO_3-Na

XZJ053 羊易ZK402

位置：拉萨市当雄县羊易地热田，海拔4588m。

井深：1149.44m。

孔径：开孔井径340mm，终孔井径216 mm。

井内最高温度：104℃。

热储层特征： 0～593.5m为第四系浅黄、灰、灰白色砂砾层、亚砂土层、亚黏土层和含砾砂层；593.5～666m是N_1灰色含火山角砾凝灰岩；666～857.5m浅灰红、浅灰绿色黑云母花岗斑岩；857.5～1149.44m浅灰红、灰白色斑状黑云母花岗岩。为涌水孔，闭井压力4.1kg/cm²，涌水量0.87t/h。

水化学成分：1989年取样测试（表2.232）。

表2.232　XZJ053羊易ZK402化学成分　　　　　　（单位：mg/L）

T_s/℃	pH	TDS	Na⁺	K⁺	Ca²⁺	Mg²⁺
65	8.86	1435.34	476	9.1	14.11	0.92
Li	Rb	Cs	NH_4^+	CO_3^{2-}	HCO_3^-	SO_4^{2-}
6.2	nd.	nd.	0.48	60.89	655.4	235
Cl⁻	F⁻	CO_2	SiO_2	HBO_2	As	化学类型
150.4	9	nd.	126.5	69.92	na.	HCO_3-Na

XZJ054 羊易ZK403

位置：拉萨市当雄县羊易地热田，海拔4730m。

井深：789.35m。

孔径：开孔井径340mm，终孔井径216mm。

井内最高温度：190.84℃。

热储层特征：0～13m为黄色砾石层；13～128m上部是深灰、灰绿色角砾状粗面岩（N_1），下部为灰色粗面质熔岩角砾岩；128～302m是灰红色蚀变斑状花岗岩；302～695m浅灰、红褐色蚀变黑云母花岗斑岩。井口工作温度164℃，井口静止压力3.6kg/cm²，井口工作压力6.2kg/cm²，排放管端压2.4kg/cm²，汽水总量185t/h，蒸汽量41t/h，干度22.2%。

XZJ055 羊易ZK500

位置：拉萨市当雄县羊易地热田，海拔4830m。

井深：551.90m。

孔径：开孔井径470mm，终孔井径216mm。

井内最高温度：120.41℃（测得该井内最高温度在200m处）。

热储层特征： 0～38m为Q_3棕黄色泥质砂砾层；36～95m是N_1浅灰、灰白色硅华角砾岩；95～285m为浅灰、灰绿、灰白色硅华斑状黑云母花岗岩；285～551.9m是灰、灰绿色黑云母花岗斑岩。水位埋深大于130.0m。

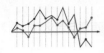

XZJ056 羊易ZK501

位置： 拉萨市当雄县羊易地热田，海拔4682m。

井深： 317.9m。

孔径： 开孔井径340mm，终孔井径132mm。

井内最高温度： 141℃。

热储层特征： 上部为Q_1浅灰、灰色粉砂质亚黏土层，中下部以喜马拉雅早期灰红色斑状花岗岩为主。通过地球物理测井和热储工程测试获得该孔相关参数如下：井口静止温度108℃，井口工作温度107℃，井口静止压力3.4kg/cm²，井口工作压力1.7kg/cm²，排放管端压，汽水总量32.18t/h，蒸汽量3.45T/h，干度10.7%。

水化学成分： 1989年5月取样测试（表2.233）。

表2.233　XZJ056羊易ZK501化学成分　　　（单位：mg/L）

$T_S/℃$	pH	TDS	Na^+	K^+	Ca^{2+}	Mg^{2+}
77	8.1	1467.96	404	28.6	7.25	0.31
Li	Rb	Cs	NH_4^+	CO_3^{2-}	HCO_3^-	SO_4^{2-}
10	nd.	nd.	0.12	nd.	605.74	205
Cl^-	F^-	CO_2	SiO_2	HBO_2	As	化学类型
173.39	22.04	nd.	297	64.58	na.	HCO_3-Na

XZJ057 羊易ZK502

位置： 拉萨市当雄县羊易地热田，海拔4671m。

井深： 818m。

孔径： 开孔井径340mm，终孔井径216mm。

井内最高温度： 86.29℃（测得该井内最高温度为250～350m处）。

热储层特征： 0～275m为第四季灰白色砂砾层和亚黏土层；275m以下为基岩，上面是灰色蚀变粗面岩，其下为灰红、灰绿色斑状花岗岩，该层中部夹有花岗斑岩。该孔为涌水孔，涌水量为3.28t/h，闭井压力0.85kg/cm²。

XZJ058 羊易ZK503

位置： 拉萨市当雄县羊易地热田，海拔4617m。

井深： 702.26m。

孔径： 开孔井径470mm，终孔井径311mm。

井内最高温度：60℃（测得孔内最高温度689.9m）。

热储层特征： 0～369m为第四纪灰、灰白、深灰色砂层、砂砾层和亚黏土层；369～537.5m花岗斑岩；537.5～702.26m为浅灰绿色蚀变斑状花岗岩水位埋深34.0m。

XZJ059 羊易ZK504

位置：拉萨市当雄县羊易地热田，海拔4561m。

井深：605.7m。

孔径：开孔井径146mm，终孔井径110mm。

井内最高温度： 52.0℃。

热储层特征：该井几乎都为第四纪地层，只在井底揭露了4.7m厚的上新统（N_2）深灰色页岩。0～5m为浅灰色亚砂土层（Q_4）；5～120.5m上部为浅灰色砾石夹砂砾层，下部为浅棕色泥砾层（Q_3）；120.5～237m上部为浅棕灰、浅灰色砂砾夹砂亚黏土层，下部为浅黄灰、浅灰色砂层（Q_2）；237～601m上部为浅黄灰色亚黏土层，中部是浅灰、灰色砂砾夹泥质砂砾层，下部为褐灰色砂砾层。水位埋深0m（Q_1）。

XZJ060 羊易ZK505

位置：拉萨市当雄县羊易地热田，海拔4779m。

井深：井深705.73m。

孔径：开孔井径273mm，终孔井径216mm。

井内最高温度：132.50℃（测得该井内最高温度217.79～242.79m处）。

热储层特征： 0～7.5m为浅黄色泥质砂砾层（Q_4）；7.5～77m为N_1浅灰色蚀变黑云母粗面岩，该层裂隙较发育；77～293m为浅灰红、灰绿色斑状黑云母花岗岩；293～705.73m为灰绿、灰红、灰白色黑云母花岗斑岩。水位埋深77.40m。

XZJ061 拉多岗ZK202

位置：拉萨市当雄县羊八井镇拉多岗地热田，该孔处在青藏铁路南侧，海拔4523m。

井深：401.18m。

孔径：开孔井径445mm，终孔井径244mm。

井内最高温度：78.4℃。

热储层特征： 0～12.5m为Q_4浅黄灰色硅质、钙质胶结砂砾石层；12.5～160m为灰、灰白色凝灰岩（E_2）；160～401.18m为灰色斑状结构的流纹岩（E_1），在井底夹有一层27m厚的花岗斑岩。该孔普遍高岭土化，偶见有黄铁矿化、蛋白石化。为间歇喷涌孔，间歇周期10分钟，喷高5～6m。

水化学成分：1991年8月取样测试（表2.234）。

表2.234　XZJ061拉多岗ZK202化学成分　　　（单位：mg/L）

$T_S/℃$	pH	TDS	Na^+	K^+	Ca^{2+}	Mg^{2+}
39	6.9	4731.4	1302	323	123.6	8.55
Li	Rb	Cs	NH_4^+	CO_3^{2-}	HCO_3^-	SO_4^{2-}
35.16	nd.	nd.	3.04	nd.	1262.36	18
Cl^-	F^-	CO_2	SiO_2	HBO_2	As	化学类型
2022.95	5.4	nd.	88	687.44	na.	$Cl·HCO_3-Na$

XZJ062 拉多岗ZK204

位置： 拉萨市当雄县羊八井镇拉多岗地热田，该孔处在青藏铁路北侧，海拔4538m。

井深： 805m。

孔径： 开孔井径445mm，终孔井径216mm。

井内最高温度： 94.0℃。

热储层特征： 静止水位埋深1.8m，热储层为蚀变较强的砂砾石层和凝灰岩，热储层为裂隙发育的凝灰岩、流纹岩和花岗斑岩，深度在130～805m处。此孔经空气压缩机引喷后方可连续喷发，热储工程测试结果为：井口工作温度90℃，井口工作压力2.0kg/cm²，排放管端压0.95kg/cm²，汽水总流量165.32t/h，蒸汽量2.76t/h，干度1.67%。

水化学成分： 1992年9月取样测试（表2.235）。

表2.235　XZJ062拉多岗ZK204化学成分　　　（单位：mg/L）

$T_S/℃$	pH	TDS	Na^+	K^+	Ca^{2+}	Mg^{2+}
90	7.72	4689.68	1324	315	33.59	13.66
Li	Rb	Cs	NH_4^+	CO_3^{2-}	HCO_3^-	SO_4^{2-}
42.05	nd.	nd.	1.5	nd.	1077.3	10
Cl^-	F^-	CO_2	SiO_2	HBO_2	As	化学类型
2137.31	4.75	nd.	100	675.28	na.	$Cl·HCO_3-Na$

XZJ063 拉多岗ZK205

位置： 拉萨市当雄县羊八井镇拉多岗地热田，此孔在青藏铁路北边，海拔4558m。

井深： 342.46m。

孔径： 开孔井径190mm，终孔井径91mm。

井内最高温度： 88℃。

热储层特征： 0～50m为灰白色砂砾石层（Q_2）；50～342.46m为浅灰色凝灰结构的凝灰岩

（E_2）。具强烈的高岭土化，蚀变矿物有高岭石、蒙脱石、黄铁矿。水位埋深18.47m。

XZJ064 拉多岗ZK206

位置： 拉萨市当雄县羊八井镇拉多岗地热田，该孔处在青藏铁路北侧，海拔4561m。

井深： 941.30m。

孔径： 开孔井径445mm，终孔井径216mm。

井内最高温度： 113.0℃。

热储层特征： 0～54.12m为灰白色砂砾石层（Q_2）；54.12～452m为灰白色变余凝灰结构的凝灰岩（E_2）；452～941.3m为灰白色变余斑状结构的流纹岩（E_1）。顶部高岭土化强烈，下部渐弱。静止水位埋深21.48m。热储-盖层为蚀变较强的砂砾石层和凝灰岩，热储层为裂隙发育的凝灰岩、流纹岩和花岗斑岩，深度在250～800m处。此孔经空气压缩机引喷后可连续喷发，热储工程测试结果为：井口工作温度87℃，井口工作压力1.2kg/cm²，排放管端压0.66kg/cm²，汽水总流量18.88t/h，蒸汽量1.01t/h，干度5.35%。

水化学成分： 1992年9月取样测试（表2.236）。

表2.236　XZJ064拉多岗ZK206化学成分　　　　（单位：mg/L）

T_s/℃	pH	TDS	Na⁺	K⁺	Ca²⁺	Mg²⁺
87	7.6	4734.27	1313.5	327.5	88.03	3.24
Li	Rb	Cs	NH₄⁺	CO₃²⁻	HCO₃⁻	SO₄²⁻
40.15	nd.	nd.	2	nd.	1269	10
Cl⁻	F⁻	CO₂	SiO₂	HBO₂	As	化学类型
2060.8	4.37	nd.	90	643.52	na.	Cl·HCO₃–Na

XZJ065 拉多岗ZK207

位置： 拉萨市当雄县羊八井镇拉多岗地热田，该孔处在青藏铁路南侧，海拔4529m。

井深： 1003.12m。

孔径： 开孔井径445mm，终孔井径216mm。

井内最高温度： 96℃。

热储层特征： 0～20m上部为冲洪积泥质砂砾石层，下部是泉华堆积物（Q_4）；20～170m为灰白色变余凝灰结构的凝灰岩（E_2）；170～1003.12m为浅灰白色变余斑状结构的流纹岩（E_1），但在450～538m、620～775m两处夹有灰白、浅灰绿色花岗斑岩，全孔高岭土化、绿泥石化。热储层为砂砾石层和凝灰岩，热储层为结构破碎、裂隙发育的凝灰岩、流纹岩和花岗斑岩，深度在67～800m处。该孔通过引喷形成间歇喷涌，最大喷高5m，最大涌水量37t/h。

水化学成分： 1992年9月取样测试（表2.237）。

表2.237 XZJ065拉多岗ZK207化学成分 （单位：mg/L）

T_S/℃	pH	TDS	Na^+	K^+	Ca^{2+}	Mg^{2+}
na.	7.6	4811.7	1294.5	313.5	175.61	7.08
Li	Rb	Cs	NH_4^+	CO_3^{2-}	HCO_3^-	SO_4^{2-}
38.85	nd.	nd.	2.5	nd.	1498.5	10
Cl^-	F^-	CO_2	SiO_2	HBO_2	As	化学类型
1997.03	4.37	nd.	64	623.56	na.	$Cl \cdot HCO_3-Na$

XZJ066 拉多岗ZK303

位置：拉萨市当雄县羊八井镇拉多岗地热田，该井处在青藏铁路北侧，海拔4546m。

井深：803.40m。

孔径：开孔井径445mm，终孔井径216mm。

井内最高温度：92.0℃。

热储层特征： 0~61.5m为灰白色砂砾石层（Q_2）；61.5~246m为浅灰、灰绿色间夹有紫红色凝灰岩（E_2）；246~803.4m为灰白色流纹岩（E_1），在此层452~490m处夹有灰、灰白色花岗斑岩。全孔具有高岭土化、绿泥石化、黄铁矿化，终孔稳定水位埋深12.48m。

水化学成分：1992年9月取样测试（表2.238）。

表2.238 XZJ066拉多岗ZK303化学成分 （单位：mg/L）

T_S/℃	pH	TDS	Na^+	K^+	Ca^{2+}	Mg^{2+}
87	7.58	4703.21	1258	279.5	177.37	10.05
Li	Rb	Cs	NH_4^+	CO_3^{2-}	HCO_3^-	SO_4^{2-}
40.7	nd.	nd.	2.8	nd.	1485	30
Cl^-	F^-	CO_2	SiO_2	HBO_2	As	化学类型
1933.27	3.65	nd.	60	592.72	na.	$Cl \cdot HCO_3-Na$

XZJ067 那曲ZK903

位置：那曲地区那曲县那曲镇，海拔4515m。

井深：400.56m。

孔径：开孔井径146mm，终孔井径91mm。

井内最高温度：45℃。

热储层特征： 0~8.63m主要为砂砾石层（Q_3）；8.63m至井底主要是侏罗季中统灰黑色泥岩，中间夹有一层较薄的深灰色泥质粉砂岩，从65m至井底具弱高岭土化和黄铁矿化。水位埋深1.80m。

XZJ068 那曲ZK1005

位置：那曲地区那曲县那曲镇，海拔4506m。

井深：503.43m。

孔径：开孔井径338mm，终孔井径216mm。

井内最高温度：115.8℃。

热储层特征： 0～10m为Q_4浅灰色含砾亚砂土层；10m以下是侏罗季中统黑灰色泥岩与灰色、灰黑色细砂岩互层，总体来看，泥岩较厚（50m左右）细砂岩较薄（20m左右）。从上至下蚀变渐强，为高岭土化、黄铁矿化。热储工程测试结果（单管放喷）为：井口工作温度113℃，井口静止压力5.39kg/cm²，井口工作压力2.59kg/cm²，排放管端压0.99kg/cm²，汽水总量129.35t/h，蒸汽流量7.57t/h，干度5.85%，汽水比6.22%。

水化学成分：1986年7月取样测试（表2.239）。

表2.239　XZJ068那曲ZK1005化学成分　　　　（单位：mg/L）

T_S/℃	pH	TDS	Na⁺	K⁺	Ca²⁺	Mg²⁺
60	8.7	2890.15	1082.36	51.11	3.45	3.74
Li	Rb	Cs	NH₄⁺	CO₃²⁻	HCO₃⁻	SO₄²⁻
3.11	nd.	nd.	2.8	239.85	2096.04	66
Cl⁻	F⁻	CO₂	SiO₂	HBO₂	As	化学类型
240.68	8.17	nd.	130.67	50.48	na.	Cl·HCO₃–Na

XZJ069 那曲ZK1104

位置：那曲地区那曲县那曲镇，海拔4499m。

井深：368.64m。

孔径：开孔井径445mm，终孔井径216mm。

井内最高温度：113.24℃。

热储层特征： 0～9m为Q_2浅黄灰色亚黏土；9m以下至井底是侏罗季中统灰色泥岩、灰色泥质粉砂岩和灰色粉砂岩互层。从16m以下黄铁矿化和高岭土化逐渐变强，热储工程测试结果（单管放喷）为：井口工作温度110℃，井口静止压力5.38kg/cm²，井口工作压力4.59kg/cm²，排放管端压1.59kg/cm²，汽水总量215.84t/h，蒸汽流量11.59t/h，干度5.37%，汽水比5.67%。

XZJ070 那曲 ZK1203

位置：那曲地区那曲县那曲镇，海拔4485m。

井深：708.11m。

孔径：开孔井径445mm，终孔井径216mm。

井内最高温度：115.30℃。

热储层特征： 0~6m为浅黄色亚黏土层（Q₂）；6~693m为侏罗季中统灰色泥岩与灰、深灰色泥质粉砂岩互层；693~708.11m为侏罗季中统灰白色长石石英砂岩。24m以下具较强的高岭土化和黄铁矿化，黄铁矿呈多种形式产出。热储工程测试结果（单管放喷）为：井口工作温度110℃，井口静止压力4.79kg/cm²，井口工作压力3.09kg/cm²，排放管端压1.19kg/cm²，汽水总量160.03t/h，蒸汽流量9.16t/h，干度5.91%，汽水比6.07%。

XZJ071 那曲ZK1205

位置：那曲地区那曲县那曲镇，海拔4489m。

井深：344.61m。

孔径：开孔井径244.5mm，终孔井径91mm。

井内最高温度：85.5℃。

热储层特征：该井全孔为侏罗季中统（J₂），为褐黄、灰、灰白色细砂岩、粉砂岩与灰、灰黑色泥岩互层，泥岩较厚（20~60m）砂岩较薄（10~30m），从5m开始往下具较强高岭土化、黄铁矿化。水位埋深1.35m。

XZJ072 那曲ZK1303

位置：那曲地区那曲县那曲镇，海拔4504m。

井深：220.45m。

孔径：开孔井径470mm，终孔井径91mm。

井内最高温度：113.50℃。

热储层特征：该井全孔为侏罗季中统（J₂），为灰黑、灰白、灰色泥岩与褐灰、灰白色细砂岩互层，全孔从上到下蚀变逐渐增强，为高岭土化和黄铁矿化。热储工程测试结果（单管放喷）为：井口工作温度110℃，井口静止压力3.79kg/cm²，井口工作压力2.84kg/cm²，排放管端压1.09kg/cm²，汽水总量150.15t/h，蒸汽流量8.69t/h，干度5.79%，汽水比6.14%。

水化学成分：1986年7月取样测试（表2.240）。

表2.240　XZJ072那曲ZK1303化学成分　（单位：mg/L）

T_S/℃	pH	TDS	Na⁺	K⁺	Ca²⁺	Mg²⁺
81	8.4	2779.13	1024.03	46.98	9.61	2.67
Li	Rb	Cs	NH₄⁺	CO₃²⁻	HCO₃⁻	SO₄²⁻
3.06	nd.	nd.	0.024	132.55	2179.47	53
Cl⁻	F⁻	CO₂	SiO₂	HBO₂	As	化学类型
266.15	9.12	nd.	122.67	44.44	na.	Cl·HCO₃-Na

XZJ073 那曲ZK1403

位置：那曲地区那曲县那曲镇，海拔4500m。

井深：195.13m。

孔径：开孔井径470mm，终孔井径91mm。

热储层特征：0～6.27m为泥黄色含砾亚砂土（Q_2），以下为侏罗季中统；6.27～163.41m为灰、灰黑色泥岩；163.41～165.73m为浅灰黑色泥质粉砂岩；165.73～175.67m为灰黑色泥岩；175.67～179.06m为破碎带；179.06～195.13m为灰黑色泥岩。该孔蚀变较弱，为碳酸盐化和黄铁矿化，静止水位1.8m。

XZJ074 宁中ZK01

位置：当雄县宁中乡曲才村，处在青藏公路、青藏铁路北边，在县城西边，距县城约20km，海拔4226m。

井深：215m。

井内最高温度：112℃。

热储层特征：1997年成井，0～145m为套管，145m为裸眼成井，能自喷。该井流量为5.62L/s。

水化学成分：2012年4月取样测试（表2.241）。

表2.241　XZJ074宁中ZK01化学成分　　　（单位：mg/L）

T_s/℃	pH	TDS	Na⁺	K⁺	Ca²⁺	Mg²⁺
84	7.41	2328	531.16	92.58	35.29	7.78
Li	Rb	Cs	NH₄⁺	CO₃²⁻	HCO₃⁻	SO₄²⁻
9.32	nd.	nd.	0.1	nd.	683.39	198.33
Cl⁻	F⁻	CO₂	SiO₂	HBO₂	As	化学类型
462.31	8.6	nd.	124.58	174.22	2.21	Cl·HCO₃–Na

开发利用：一星期为G109国道边温泉度假村提供84℃热水约500t。

XZJ075 当雄县城ZK01

位置：县城西边，紧邻县城一加油站旁边，G109国道上，海拔4281m。

井深：井深120m。

孔径：开孔口径445mm，终孔口径311mm。

井口温度：90℃。

热储层特征：2010年成井，管径350mm的套管下至30m，管径219mm的滤水管下到井底，能自喷。

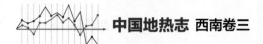

开发利用：该井曾作为当雄县政府的供暖井，由于结垢严重，主要为碳酸钙结垢，在使用2～3个月后，管道堵死而停止使用。

XZJ076 罗马ZK01

位置： 那曲县南约20km，该井的西北约2km处有G109国道通过，交通比较便利，海拔4531m。

井深： 153.3m。

孔径： 开孔口径311mm。

井内最高温度： 53℃。

热储层特征： 该孔于2012年7月成井，为涌水井，水头高度0.9m，涌水量6.12t/h。钻至35.38m，改用445mm钻头扩孔至30m后下入管径370mm表层管至25.10m固井。二次开钻仍采用311mm钻头钻至153.30m于7月22日终孔，最后下入管径219mm的套管42m，其中，实管30m、滤水管12m，42m以下为裸眼成井。

水化学成分： 2012年7月取样测试(表2.242)。

表2.242　XZJ076罗马ZK01化学成分　　　（单位：mg/L）

T_S/℃	pH	TDS	Na^+	K^+	Ca^{2+}	Mg^{2+}
46	6.37	2597.65	537.9	71.23	105.86	17.51
Li	Rb	Cs	NH_4^+	CO_3^{2-}	HCO_3^-	SO_4^{2-}
0.71	nd.	nd.	nd.	na.	991.22	710.25
Cl^-	F^-	CO_2	SiO_2	HBO_2	As	化学类型
37.58	6.48	nd.	91.54	25.92	na.	$HCO_3 \cdot SO_4-Na$

XZJ077 玉寨ZK01

位置： 聂荣县南部的尼玛乡玉寨，乡政府所在地离聂荣县城46km，海拔4625m。

井深： 70m。

孔径： 开孔井径311mm，终孔井径216mm。

井口温度： 54℃。

热储层特征： 管径219mm的套管下至30m，为涌水井，涌水量为155m³/h。地热显示区位于乡政府东边3km，交通比较便利。

水化学成分： 2011年4月取样测试（表2.243）。

表2.243　XZJ077玉寨ZK01化学成分　　　（单位：mg/L）

T_S/℃	pH	TDS	Na^+	K^+	Ca^{2+}	Mg^{2+}
54	6.76	2616.71	515.25	79.67	67.44	17.53

Li	Rb	Cs	NH$_4^+$	CO$_3^{2-}$	HCO$_3^-$	SO$_4^{2-}$
0.564	nd.	nd.	40.04	nd.	1660.82	50.03
Cl$^-$	F$^-$	CO$_2$	SiO$_2$	HBO$_2$	As	化学类型
33.33	2.85	nd.	164.23	24.18	na.	HCO$_3$-Na

XZJ078 玉寨ZK02

位置： 聂荣县南部，乡政府所在地离聂荣县城46km，地热显示区位于乡政府东边3km，交通比较便利，海拔4633m。

井深： 75m。

孔径： 开孔井径311mm，终孔井径216mm。

井口温度： 54℃。

热储层特征： 管径219mm的套管下至30m，自涌热水量为150m³/h。

水化学成分： 2011年4月取样测试（表2.244）。

表2.244　XZJ078玉寨ZK02化学成分　　　（单位：mg/L）

T_S/℃	pH	TDS	Na$^+$	K$^+$	Ca^{2+}	Mg^{2+}
54	6.94	2611.82	510.25	79.4	70.96	13.69
Li	Rb	Cs	NH$_4^+$	CO$_3^{2-}$	HCO$_3^-$	SO$_4^{2-}$
0.558	nd.	nd.	0.04	nd.	1676.66	63.78
Cl$^-$	F$^-$	CO$_2$	SiO$_2$	HBO$_2$	As	化学类型
32.43	3.35	nd.	122.55	36.47	na.	HCO$_{34}$-Na

XZJ079 康马ZK01

位置： 日喀则市康马县城边省道S204的西边，紧邻省道，交通比较便利，海拔4282m。

井深： 83.03m。

孔径： 开孔井径445mm，终孔井径311mm。

井内最温度： 46.35℃（测得该井内最高温度在47m的深度处）。

热储层特征： 2013年11月完井，管径219mm的套管下至60m，其中30~48m为滤水管。0~12m为灰白、浅灰色钙质泉华（Q$_4$）；12~83.03m为浅灰、灰色含泥粉砂板岩（P$_1$）。静止水位16.37m。

水化学成分： 2013年11月取样测试（表2.245）。

表2.245　XZJ079康马ZK01化学成分　　　　　　（单位：mg/L）

$T_S/℃$	pH	TDS	Na^+	K^+	Ca^{2+}	Mg^{2+}
44	6.28	2484.25	364.25	79.95	237.81	9.74
Li	Rb	Cs	NH_4^+	CO_3^{2-}	HCO_3^-	SO_4^{2-}
6.6	nd.	nd.	<0.02	nd.	1248.31	0.19
Cl^-	F^-	CO_2	SiO_2	HBO_2	As	化学类型
383.97	2.75	nd.	70	36.47	na.	$HCO_3 \cdot Cl-Na \cdot Ca$

ISBN 978-7-03-055131-3

定价：188.00元